# 冻土动力学

刘建坤　崔颖辉　常　丹等　著

科学出版社

北　京

# 内 容 简 介

　　冻土动力学越来越成为冻土力学的一个重要分支，是冻土区建筑物抗震、交通基础设施（如铁路、公路）等设计的重要依据，其研究成果对寒区工程有重要意义。本书首先介绍了多年冻土区工程现状和冻土动力学研究进展，其次介绍了动三轴实验、动直剪实验、空心扭剪实验的原理和方法，以及测试冻土动力学参数的共振柱法和波速法，然后通过动三轴实验和动直剪实验结果，总结了冻土动力学动本构关系，分析了温度、围压、含水率、振动次数等影响动力学参数的因素，最后研究了高温冻土的动强度，得到了不同温度、围压、振动次数下土体的动强度参数，并重点分析了温度和振动次数对动强度的影响规律。

　　本书可供冻土科学研究工作者、工程技术人员以及相关学科的高校师生参考。

**图书在版编目（CIP）数据**

冻土动力学 / 刘建坤等著. 北京：科学出版社，2023.11

ISBN 978-7-03-077032-5

Ⅰ. ①冻… Ⅱ. ①刘… Ⅲ. ①冻土力学－研究 Ⅳ. ①P642.14

中国国家版本馆 CIP 数据核字（2023）第 214209 号

责任编辑：郭勇斌　邓新平 / 责任校对：高辰雷
责任印制：徐晓晨 / 封面设计：义和文创

科学出版社 出版
北京东黄城根北街 16 号
邮政编码：100717
http://www.sciencep.com

固安县铭成印刷有限公司 印刷
科学出版社发行　各地新华书店经销

\*

2023 年 11 月第 一 版　开本：720 × 1000　1/16
2024 年 2 月第二次印刷　印张：11 1/2
字数：218 000

**定价：128.00 元**
（如有印装质量问题，我社负责调换）

# 前　言

  多年冻土的分布占据了全球四分之一的陆地面积，像俄罗斯的西伯利亚、美国的阿拉斯加、加拿大和中国的东北部以及青藏高原等地区，都分布着大片多年冻土。在这些地区的基础设施建设与工程维护非常重要，要求工程技术人员掌握冻土的工程性质，才能做出正确合理的工程设计。冻土的研究起源于俄罗斯西伯利亚的开发与建设，在我国则起源于青海热水煤矿，青藏高原的公路、管线及铁路，东北地区的林区铁路等工程建设。

  冻土力学在过去一个多世纪得到了长足发展，取得了丰硕成果，指导了大量的工程建设。随着经济社会的发展，交通运输量的不断增加，基础设施建设水平不断提高，建设的标准也在提高，逐步提出了冻土动力学研究的需求。本书是作者近几年开展冻土动力学研究的初步成果，仅仅是粗浅的开始，其内容、深度和广度远远不及一般地区的土动力学研究，将其出版仅仅是为了抛砖引玉，吸引年轻的冻土科技工作者投入到这一重要方向的研究。

  本书研究获国家自然科学基金项目（42171130）和 973 国家重点基础研究发展计划项目（2012CB026104）资助。

  本书第 1 章由刘建坤、崔颖辉编写，第 2 章由崔颖辉、吕鹏编写，第 3 章由崔颖辉、刘建坤编写，第 4 章由崔颖辉、刘建坤、刘捷编写。全书由刘建坤、常丹统稿，吕鹏、牛巍崴、任志凤等参加了文字整理和资料查询等工作。感谢刘富荣博士提供的宝贵资料。

  本书的编写参考了大量前人的研究成果，书中难免存在疏漏之处，敬请读者批评指正。书中问题请致信作者：liujiank@mail.sysu.edu.cn。

刘建坤于中山大学（珠海校区）

2023 年 9 月

# 目　录

# 第1章 绪 论

极地、亚极地以及中低纬的高山、高原地区，受大陆性气候条件的影响气温低，形成两年以上处于 0℃ 或 0℃ 以下并含有冰的冻结土层，称为多年冻土。全球多年冻土总面积约为 300 万 $km^2$，占地球大陆面积的 25%。北半球冻土分布面积较大，俄罗斯和加拿大是冻土分布最广的国家。我国多年冻土主要分布在东北的北部地区、西北高山区及青藏高原地区。人们在这些多年冻土地区开展了大量水利、交通和油气管线、输电线路等基础设施建设工程，比如，俄罗斯的横跨西伯利亚的铁路，中国的青藏铁路，等等。在这些工程建设过程中，都遇到了与多年冻土力学特性相关的工程技术问题，由此形成了冻土力学这一学科，该学科主要研究涉及工程的冻土的强度与变形特性等的静力学性质，崔托维奇[1]、维亚洛夫[2]等先驱们开展的早期开创性的冻土强度和变形等方面的研究，奠定了冻土力学的基础，之后不同年代的学者们，尤其是中国学者如吴紫汪[3]、陈肖柏等[4]、赖远明等[5]、马巍等[6]都丰富了冻土力学的内涵。

我国在多年冻土地区基础设施建设方面积累了丰富经验，但之前的工程建设标准普遍较低，多数是基于静荷载分析，且没有考虑动荷载作用。对于铁路、公路而言，列车和车辆产生的动荷载是一种动力作用，必须考虑其动力学作用机理。随着国民经济的发展，交通运输量逐年增加，路基所承受动荷载作用的频率和幅值也越来越大，因此为了保证冻土区建筑物及基础设施安全运行及维护，必须对冻土在动荷载作用下的行为有明确的了解，才有可能提高冻土地基上的建筑物及基础设施的安全性和稳定性。在国外阿拉斯加、加拿大等地的多年冻土地区也同样存在这样的冻土动力学问题。另外，青藏高原多年冻土地区是地震多发地区，地震荷载作用下基础设施的动力响应与安全评价也是一个事关人民生命财产安全的重要问题。青藏高原地震活动区和多年冻土区的重叠范围很大，了解地震条件下多年冻土地基上建筑物和基础设施的安全性和稳定性，研究冻土区地震反应，对冻土区构筑物建设和维护有着十分重要的工程意义，这就是冻土动力学的研究任务。

冻土动力学逐渐成为冻土力学的一个重要分支，它主要研究冻土的动力学特性，包括在动荷载作用下冻土的强度、变形特征及土体稳定性，是冻土区构筑物抗震设计、冻土区交通基础设施如铁路、公路设计的重要依据，其研究成果对寒区工程设计有重要意义。目前冻土动力学的研究基本上汲取了常规土动力学的思路，随着冻土区铁路、公路等的大力发展，形成了一个热门的研究方向。季节性温度状态的变化也会带来应力应变状态的改变，有时这种改变是灾害性的，影响着这些基础设施的服役性能。另外，无论是青藏高原多年冻土，还是东北地区的多年冻土乃至极地多年冻土，其强度和工程性质都受全球气候变化的影响而发生着缓慢变化，这也对冻土地区基础设施有着重要影响。这种温度变化及气候暖化对冻土区构筑物稳定性有很大影响，厘清多年冻土退化与地震灾害及灾害链演化规律，提出应对措施，提升多年冻土区线性工程的长期服役性能，从广义上也属于冻土动力学的研究范畴。

## 1.1 多年冻土区工程现状

冻土是指温度低于 0℃且含有冰的土或岩，冻土中冰存在的形态多种多样，既有微米级的冰晶，也有米级的冰层[7]。作为一种不稳定的特殊土，冻土的性质不仅取决于土颗粒的尺寸、矿物成分、密度和含水率等，更与温度密切相关[8-9]。冻土性质与温度的关系体现在以下三个方面。

第一，由于同样质量的冰其体积比水大，当温度降低到冻结点以下时，土中液态水在转变为冰的过程中会发生体积膨胀，再加上可能水分迁移的冻结，进而导致土体发生膨胀而形成冻胀。相反，冻土在升温过程中冰融化为水并排出，土体的体积发生收缩，产生融化下沉。

第二，随着土体温度的继续降低，孔隙冰含量随之增加。冰作为一种胶结材料，会将相邻的土颗粒胶结在一起而使得土体的模量和强度增加。

第三，除了冻土的力学性质外，土中冰的存在减少了土中的孔隙，起到了隔绝水分的作用，降低了土体的渗透性。而由于冻融过程伴随着土的三相体系和四相体系之间的转变，以及相应的比例变化，土体的导热性、导电性等力学以外的性质也会发生变化。由于人类活动和自然气候的变化，冻土的温度不可避免地会受到影响，其各种性质也体现出随环境温度动态变化的显著特征。

冻土按其冻结时间的长短和连续性，可以分为短时冻土、季节性冻土和多年冻土。短时冻土是指存在时间只有数小时、数日的冻土。季节性冻土是指在冬季表层冻结，夏季全部融化的天然土体。多年冻土是指持续两年或两年以上保持冻结状态的天然土体，通常夏季表层融化而深层依旧保持冻结。全球陆地面积约50%为这三种冻土覆盖，多年冻土区域占陆地面积约25%。我国境内的冻土分布也很广泛，季节性冻土和多年冻土分布于长江流域以北的广阔区域，占了国土面积大约75%，而多年冻土区域主要分布在大小兴安岭地区和青藏高原，占国土面积21.5%，我国各地区多年冻土分布面积如表1-1所示。大小兴安岭地区多年冻土面积约38万 $km^2$，为高纬度冻土区，是欧亚大陆多年冻土带的南缘，其分布特征受纬度控制，纬度越高则冻土面积越大越连续，冻土厚度越大，符合高纬度冻土区的特征；青藏高原是全球唯一的大规模高海拔多年冻土区，其冻土的分布受海拔高程的控制，海拔越高的地方冻土面积越大，冻土厚度也越大[10]。

**表 1-1　我国各地区多年冻土分布面积（国家青藏高原科学数据中心[11]）**

| 地区 | 多年冻土面积/$10^4 km^2$ |
| --- | --- |
| 青藏高原 | 150 |
| 大小兴安岭 | 38～39 |
| 长白山、黄冈、梁山等东部诸山地 | 0.7 |
| 横断山 | 0.7～0.8 |
| 祁连山 | 9.5 |
| 天山 | 6.3 |
| 喜马拉雅山（我国境内） | 8.5 |
| 阿尔泰山（我国境内） | 1.1 |
| 总计 | 215 |

冻土在工程上的不利方面主要在于其力学性质随着季节温度的变化而发生改变[12-13]。对于季节性冻土而言，一年四季冻融循环导致土体的季节性冻胀和融沉，给实际工程带来了周期性的变形，而且由于冻胀和融沉有累积效应，其不利变形往往随着时间推移而愈演愈烈，最终可能导致工程失效。对于多年冻土而言，工程建设不可避免地带来土体热状态的改变，如土体的开挖和填筑、工程本身的传热以及运营中的热源作用，都在一定程度上改变着土体中的温度场分布，从而导致各种建筑物的变形或失效。全球气候暖化也给多年冻土带来退化，引起建筑物的不稳定[14]。

我国在多年冻土地区存在着大量的工程建设等国民经济活动。无论在东北的多年冻土地区，还是青藏高原的多年冻土地区，都分布着各种各样的水利、公路、铁路、工业与民用建筑等方面的基础设施。在东北多年冻土区有牙林线、嫩林线等林区铁路，中俄输油管道，国道及地方公路，等等。在青藏高原的多年冻土地区有著名的青藏公路、青藏铁路以及青藏输电线路等重要工程[15]。青藏公路自1954 年通车以来，一度是进出藏最主要通道上唯一的运输线，对西藏地区的社会发展、政治稳定、经济繁荣、民族团结和我国的西南边防建设起到了重要作用。2006 年建成通车的青藏铁路格拉段全长 1142km，东起青海格尔木，西至西藏拉萨，其中多年冻土地段 550km，海拔 4000m 以上的路段 960km，铁路最高点海拔5072m 翻越了唐古拉山，是世界上在冻土上路程最长、海拔最高的铁路。

铁路、公路等基础设施都在承受着列车或车辆动、静荷载的共同作用，季节性温度状态的变化也会带来应力应变状态的改变[16-17]。全球气候变暖是当今国际社会十分关注的问题，从 20 世纪 40 年代以来，青藏高原的气温波动与北半球变化大致相同均持续升高，全球平均气温升高 0.5～1.0℃。气候学家通过近 100 年以来全球气温变化曲线证明，整个 20 世纪全球气候变暖是不争的事实，其中20 世纪中叶以来最暖的一年是 1998 年，甚至被一些学者称为千年来最暖的一年。在全球气候变暖的背景下，青藏高原气候亦随之转暖并影响着高原多年冻土发育和分布，而高原多年冻土厚度、温度及空间分布的变化则是对气候变化的直接响应。人类工程活动中铲除植被、地表开挖、修筑路堤等，都会对冻土地层产生强烈的热侵蚀作用，维持数千年的土体与大气的热交换平衡被打破，由于地-气相互作用直接影响地层温度场，使得冻土温度场发生变化，导致地温平衡状态被破坏。温度处于负温，接近相变温度的冻土称为高温冻土（-1.0～0℃），由于其温度区间处于冻土的剧烈相变区，冻土中冰和未冻水的比例对温度的变化极其敏感，因此，高温冻土的力学性质极不稳定[18-20]，既要保证冻土路基的热稳定，同时还要保持路基的长期稳定，这是多年冻土区路基工程研究的热点问题。

当冻土退化过程受到外在因素的影响时，其退化速度会明显高于天然状态，这一点在青藏公路的路基下部表现得尤为明显。青藏公路沿线冻土地温监测结果指出，从 20 世纪 70 年代初期到 90 年代中期，青藏公路沿线的连续多年冻土区年平均地温约升高了 0.1～0.3℃；而岛状多年冻土区、融土区及季节性冻土区的年平均气温大约提高了 0.3～0.5℃。青藏高原的西大滩地带，1983 年的钻探资料显示多年冻土底板埋深约为 24～25m，而现在重现钻探的资料显示多年冻土底板埋深为 20m，上升了约 5m，年平均地温上升约 0.2～0.3℃。按照这种发展趋势，预计到 2050 年以后，整个青藏高原年平均气温会提高 2.2～2.6℃，青藏高原冻土将会发生巨大的变化，多年冻土分布下界将升高 15～20m，目前小于 10m 厚的多年冻土层大体上已消融；局部地段变成深埋藏（埋深大于 10m）的多年冻土，青藏高原多年冻土总面积明显减小，而目前的岛状多年冻土区大部分将不复存在；同时冻土强度降低，承载力下降，工程稳定性变差，当前不稳定型和过渡型多年冻土将大部分演变为"高温冻土"，冻土退化过程将对冻土路基稳定性产生的破坏作用[21-23]，动荷载作用会加剧不利影响。

青藏高原是我国地震强度最大、活动水平最高的区域。从有记载起，自公元前 193 年至 2001 年共发生 M≥8 级地震 4 次，M≥7 级的地震约 60 次。强地震活动在空间和时间上分布得非常不均匀。20 世纪以来青藏高原已经历了 6 个震级大于 6 的活跃期，7 级以上地震发生在每个活跃期之中，其活动时间一般为 7～10 年。7 级以上地震最短时间间隔 1 年，最长 11 年，并有成组及丛集的活动特点。7 级以上大震，明显受规模宏大的活动性构造带控制，具有成带分布的特点[24-25]，多年冻土的退化、叠加地震等动力作用势必会给冻土地基上的交通基础设施带来安全隐患。

由于我国寒区工程经济活动相对落后，冻土地区构筑物抗震稳定性问题并没有被充分地重视，研究资料极为匮乏。随着近年来我国寒区工程建设的不断发展，冻土区构筑物抗震稳定性成为工程建设必须面对和解决的问题，高温冻土动力特性的研究也在不断深入。

## 1.2　冻土动力学研究进展

与冻土静力学相比，冻土动力学特性研究起步较晚。20 世纪 80 年代末期，我国学者才开始研究冻土的动应力、动强度以及冻土动蠕变特性等问题[26-27]。冻土与一般土相比较为特殊，因为它的成分、组构、热物理及力学性质极易受温度和时间的影响。而处于退化边缘的高温冻土（年平均地温–1.0～0℃），由于内部的水分随温度的变化在一定条件下会发生相变使得其性质更为复杂。因此在高温冻土地区，动荷载对于路基稳定性和列车运营速度的影响是很大的，开展高温冻土路基在动荷载作用下的变形分析显得非常必要。

冻土力学的研究始于 20 世纪 30 年代的苏联，从 20 世纪 60 年代开始，以崔托维奇和维亚洛夫为代表，在冻土静力学方面取得了大量的成果。崔托维奇著有《冻土力学》[1]一书，该书提出了解决实际工程问题的方法，系统地论述了冻土力学的基本现状、变形特征、冻土强度等，提出了冻土的瞬时强度、长期强度等概念，以及冻土的流变特性等。维亚洛夫教授长期从事冻土流变方面的研究，奠定了冻土流变学的基础，在其晚年双目失明的情况下出版的《冻土流变学》，是其毕生研究工作的总结，出版的过程也非常感人，由维亚洛夫教授口述，莫斯科大学 Roman 教授记录成稿。Andersland 和 Ladanyi 在 20 世纪 90 年代出版的《冻土工程》详细地介绍了冻土相关的物理、力学概念，给出了测试方法以及地基、基础和边坡、路基等典型寒区工程的设计与施工。莫斯科大学 Roman 教授在 2002 年出版的《冻土力学》重点在冻土流变学、冻土破坏动力学以及冻土长期强度预测方面给出了最新的研究成果。这些重要的文献大都是聚焦冻土静力学方面的成果，也对冻土区工程实践给予了重要指导，但是缺少冻土动力学相关的研究。直到 2014 年，马巍研究员出版了全新的《冻土力学》，介绍了在冻土细观研究等方面的最新成果，也对冻土动力学的现状进行了简单的介绍。由于寒区经济社会发展和实验技术等原因，冻土动力学方面的研究起步较晚。国外在 20 世纪 70 年代中期已经开始冻土动力学相关的研究，我国则是近 20 年由于青藏铁路等的建设才带动了冻土动力学等方面的研究。

冻土动力学的研究主要集中在冻土动力学参数、冻土动强度、冻土动应力-动应变关系、冻土动蠕变特征及动蠕变模型等方面。起初学者们的关注点主要在基本冻土动力学特性、冻土动蠕变模型与强度等方面[28-33]，近年来随着一些工程工况的不断复杂化、计算冻土力学的发展以及岩土材料测试手段的不断进步，对冻土动力学特性研究不断细化，从而对冻土材料的动本构模型的研究提出了更高的要求，也对更加接近真实情况的复杂应力环境的模拟提出了要求。

目前关于冻土动力学特性的研究主要集中于动力学参数（如冻土动弹性模量、阻尼比、泊松比）及动应力-动应变特征等方面（随加载频率、幅值、围压、温度、含水率、土性等因素的变化），主要有三个方面的内容。

第一个方面是利用常规土动力学研究方法开展的研究。Vinsion 等[34]指出冻土动力学的计算模型和计算分析方法可以采用未冻土的，不过冻土的动力学参数与未冻土的动力学参数有较大差异。20 世纪 70 年代，国外研究人员做了大量的工作，包括现场波速测定、室内三轴、共振柱和波速实验，来研究冻土和未冻土的参数差异。90 年代开始，国内的研究人员也开始针对国内寒区工程或者一些特殊土（如冻结盐渍土）[35]，进行室内三轴实验以及少量的波速实验，获得了冻土动力学参数的变化规律。

第二个方面是建立在冻土静强度基础上的研究，为了与强度实验中恒应变速率的加载方式相对应，采用以恒应变速率增长的等幅动应变加载方式，从而比较冻土的静强度和动强度。

第三个方面是建立在冻土静蠕变基础的研究上，Razbegin 等提出用静蠕变的研究方法来建立动蠕变的本构模型。

冻土动力学参数常用的测试手段有动三（单）轴实验法、共振柱法、波速法等。

动三（单）轴实验法是目前使用最多的一种方法，适用于低频率（零点几赫到十几赫）、大应变（$10^{-4} \sim 10^{-1}$）的范围测试，多用于模拟地震动荷载作用。当进行动单轴实验时，取围压 $\sigma_3 = 0$，加载方式分为恒应变速率等幅动应变振动实验（即强度实验）和恒应力幅值动荷载实验（即蠕变实验）两种。恒应变速率等幅动应变振动实验是保持应变幅值不变，同时控制应变上、下边界等速增长的加荷方式；恒应力幅值动荷载实验是保持应力幅值不变，施加周期变化的正弦波，即 $P_{min} \approx 0$，$P_{max} \approx$ 常数，$P_d \approx P_{dmax} / 2[1 + \sin(2\pi / T)]$。Vinson 等[36]对冻结粉土在不同温度、不同围压、不同含水率条件下的动弹性模量与阻尼比开展了详细的研究，指出动弹性模量在−4℃时和−10℃时，随含水率的增加而减小，当温度在−1℃，动弹性模量随含水率的增加而略有增加；冻土阻尼比随含水率的变化较为离散，随着围压的增大，阻尼比略有增大的趋势。Li 等[37]通过开展不同含砂率的饱冰冻土的动三轴实验，发现动弹性模量随频率、围压和含砂量的增加而增加，随应变和温度的增加而降低；而阻尼比随频率、含砂量和温度的增加而减小。何平等[38]以饱和冻结粉土为研究对象开展不同动荷载下的单轴抗压振动实验，发现冻土动弹性模量随冻土应变的增长而减小，随频率的增快、温度的降低而增大。徐学燕等[32]使用 MTS-100 循环动三轴仪开展了冻结粉质黏土的单轴、三轴动力实验，获取了冻土动模量、动泊松比、动阻尼比的计算公式及它们与冻结温度、振动频率的关系。Ling 等[39]使用振动三轴材料实验机（MTS-810）研究了冻结温度、围压、含水率等因素对冻土动强度、冻融损伤的影响。赵福堂等[40]使用 GDS 动三轴实验系统研究了不同温度状态和围压条件下的盐渍土动应力-动应变规律。

土质、温度、含水率、围压、振动频率、振幅及应变幅值是影响冻土动弹性模量、动剪切模量及动阻尼比的主要因素。研究认为：土质不同，动弹性模量等参数不同，而同样土质条件下，冻土的动弹性模量比未冻土的大两个量级或更多；粗颗粒土的动弹性模量较细颗粒土更大；动模量随温度降低而增大，随频率加快而变大，随应变幅值的增大而减小。徐学燕等[32]以冻结粉质黏土为研究对象，进行了大量的动三轴实验，得到冻土的动弹性模量，随着冻土温度的降低，随着荷载振动频率的加快，动剪切模量均会增大。冻土的负温对模量的影响大于频率的影响；循环动荷载作用下，冻土的动阻尼比随着冻土的温度降低而减小，随荷载振动频率增加而减小，其中以土的负温影响尤为显著。通过对饱和冻结粉土（兰州黄土）在不同温度（−10℃、−5℃和−2℃）、不同频率（0.1Hz、1Hz 和 5Hz）及不同动荷载下进行的大量振动实验，提出：动弹性模量随冻土应变的增长而减小，随温度降低而增大，随频率增快而增大；最大应力对动弹性模量的影响可忽略；冻土的强度随温度降低而增大，频率对动强度的影响取决于冻土的固有频率；最小应力对强度影响可忽略；并给出了动弹性模量及动强度随各种因素变化的相关方程。通过饱和冻结粉土的单轴抗压振动实验，得出：在恒定的动荷载（最大应力及最小应力恒定）作用下，冻土的破坏时间及破坏变形随振动频率的加快而减小；当频率小于 8Hz 时，频率的影响较大，频率大于 8Hz 时，影响较小；冻土破坏振动次数与频率的关系取决于冻土的温度，冻土在−2℃时，破坏振动次数随频率加快而存在最小值；在−1℃时，则存在最大值；在−10℃时，随频率加快而增大且无极值。

冻土动力学参数也可以通过共振柱法进行测试。共振柱仪根据土样的共振频率确定波速，再根据波速与弹性常数的关系，得到弹性模量或剪切模量。

波速法是无损检测，模拟地震波在土体中的传播，利用声波仪测得纵波及横波波速，从而求得冻土的动弹性模量及动剪切模量。

冻土的动应力-动应变关系，是分析土体动力破坏过程的重要基础。由于冻土的多相性和温度敏感性，应力-应变关系变得十分复杂，很难用统一的本构模型来描述。吴志坚[46]基于地震动荷载作用下冻土的动三轴实验，定量研究了重塑冻结兰州黄土的动本构模型，以及动弹性模量在不同温度（−2℃、−5℃、−7℃、−10℃）下的变化规律，主要研究内容包括：①将随机变化的地震波简化为等幅正弦循环荷载，可以用 Hardin-Drnevich 双曲线模型来描述不同温度下冻结兰州黄土的动应力-动应变关系；②在等幅正弦循环荷载条件下进行了实验，得到了重塑冻结兰州黄土的动弹性模量参数的参考值及其经验公式，$a$、$b$ 参数值随着温度的降低均有减小，其值随温度的降低而减少，在剧烈相变区更为明显；③随着温度的降低，冻结兰州黄土的动弹性模量不断增大，在水-冰剧烈相变区，其值随温度变化较为明显，随着动应变的增大，冻土的动弹性模量减小。

冰的存在是冻土区别于常规融土的本质特征，土体中冰包裹体和未冻的黏滞水膜的影响导致其动应力-动应变关系更为复杂。冻土动三轴实验获得的动应力-动应变滞回曲线表示某一个应力循环内各个时刻剪应力和剪应变之间的关系，表现为非线性、滞后性和变形累积三个方面的特点。骨架曲线表示了最大剪应力和最大剪应变之间的关系，反映了非线性，其形态接近双曲线，一般采用 Hardin-Drnevich 双曲线模型来表示[41-44]：

$$\tau_d = \frac{\gamma_m}{a + b\gamma_m} \tag{1-1}$$

式中，$\tau_d$ 为动剪应力；$\gamma_m$ 为剪应变幅；$a$，$b$ 为实验参数。

随着振动次数的增加，滞回曲线向应变增大的方向移动，滞回曲线中心的变化反映了土的塑性，即变形累积。为解决动力作用过程中变形累积的问题，Martin 等[45]采用累积体积应变作为物态参数，根据物态参数与可观测值联系方法的不同，建立了动力计算模型。徐学燕等[32]根据大量低温三轴实验数据发现一般情况下滞回圈闭合时应变速率最小。吴志坚[46]用邓肯-张双曲线模型来描述动应力-动应变滞回圈的骨架曲线。凌贤长等[47]对冻结青藏铁路粉质黏土进行动三轴实验，得到动应力-动应变关系的滞回曲线，发现在动力变形的初期阶段，动应变与动应力间相位差很小，或无相位差，滞回曲线的椭圆极窄或蜕变为直线，滞回耗能甚微。随着动力变形发展，动应变明显滞后于动应力，滞回曲线的椭圆越来越饱满且椭圆长轴对应变坐标轴的倾斜度越来越小，滞回耗能也越来越大。焦贵德等[31]对冻土在动力荷载作用条件下的滞回圈演化规律进行了研究，发现对于破坏型应变发展特征，循环加载中滞回圈表现出从稀疏—紧密—略微稀疏的变化过程，而对于稳定性应变特征，表现为稀疏—紧密的变化特征。在两种情况下，各个循环的卸载阶段始终表现为应变滞后于应力的特点，最大动应力越大，滞回圈面积越大，每个循环中的能量耗散就越多，试样越容易破坏。

冻土作为一种多成分、分散相颗粒体系，由于其中有流变性极强的冰存在，使其力学行为比融土更加复杂，为此国内外学者做了大量研究工作，冻土蠕变及动蠕变模型总结见表 1-2。除了静蠕变外，动荷载作用下冻土的动蠕变性能也引起了学术界的关注。

**表 1-2　冻土蠕变及动蠕变模型总结**

| 学者 | 年份 | 本构模型 | 实验手段 | 特点及适用范围 |
|---|---|---|---|---|
| Ladanyi[48] | 1972 | $\varepsilon = \varepsilon_i + \dot{\varepsilon} f(\sigma) t$ | 应用压力表进行冻土蠕变实验 | 工程尺度中的冻土蠕变模型 |
| Vyalov[49] | 1981 | $\varepsilon = A(\theta)\sigma^{\frac{1}{m}} t^{\lambda}$ | 现场实验及三轴蠕变实验 | 适用于蠕变第一阶段 |
| Ting[50] | 1983 | $\dot{\varepsilon} = A t^{-m} \exp(\beta t)$ | 单轴蠕变实验 | 考虑冻土含冰率及相对密度的影响,适用于全阶段的蠕变模型 |
| Wijeweera 等[51] | 1991 | $\dot{\varepsilon} = c_s (t_s)^{n_s}$ | 单轴蠕变实验 | 适用于蠕变第二阶段 |
| 何平[52] | 1992 | $\varepsilon_m = e^A e^{B\sigma_{max}} \left( t^{\frac{1}{3}} + t \right)^{C + D\ln\sigma_{max} + E\ln\sigma_{max} + F\ln f}$ | 动单轴蠕变实验 | 适用于第一及第二阶段的动蠕变模型 |
| 朱元林等[53] | 1998 | $\varepsilon = A + Bt + Ct^{\frac{1}{3}}$ | 动三轴蠕变实验 | 能准确反映冻土循环荷载作用下破坏前蠕变过程 |
| 赵淑萍等[54] | 2002 | $\varepsilon = \sigma^n \left( B_1 + B_2 t^{\frac{1}{3}} + B_3 t \right)$ | 动单轴蠕变实验 | 基于实验结果回归分析提出冻土蠕变全过程模型 |
| Zhu 等[55] | 2010 | $\varepsilon_{pd} = A + Bn + Cn^{\frac{1}{6}}$ | 动三轴蠕变实验 | 可表征动荷载长期作用下的冻土残余变形 |
| Li 等[56] | 2016 | $\dot{\varepsilon}_N^{acc} = \dfrac{d\varepsilon_N^{acc}}{dN} = \left( \dfrac{3S_t}{2q_t} + \dfrac{1}{3} d_g I \right) \kappa_1 \exp\left( -\dfrac{\varepsilon_{q,ref}^{acc}}{C_{N1}} \right) g(\sigma_d)$ | 动三轴蠕变实验 | 构建长期低幅循环荷载作用下冻土本构模型 |
| Zhou 等[57] | 2018 | $\varepsilon = \dfrac{N}{a + bN}$ | 动三轴蠕变实验 | 建立双曲线模型反映累积塑性变形规律 |

　　冻土动强度是指冻土在一定频率和幅值的动荷载作用下达到破坏时所对应的动应力值,是寒区动力工程基础设计的重要依据。影响冻土动强度的主要因素有温度、静荷载大小、水冰含量以及围压等。

　　沈忠言[58-59]通过大量的冻土动强度实验研究,得出冻土的动剪切强度随围压的增加而增大;随振动次数的增加,动黏聚力 $C_d$ 的值减小;动摩擦角 $\varphi_d$ 值一般随振动次数的增加而减小,当振动次数较少时,动摩擦角 $\varphi_d$ 有时会略有增加;随温度的降低 $C_d$、$\varphi_d$ 值增大,且在水-冰剧烈相变区(−5～0℃范围内),$C_d$ 变化较为剧烈,而当温度 $T < -5$℃时,其变化幅度会不断减小;对冻结粉土来说,冻土的单轴动强度小于动三轴强度;随着应变速率的增大,冻土的动强度会增大,退荷回弹弹性模量也增大;不同围压下应变速率对动强度的影响关系一般可以用幂函数表示:$\sigma_d = \kappa_s \cdot \varepsilon_0^{n_s} + C_s$,$\sigma_d$ 为 $\varepsilon_0$ 下实验的偏应力峰值,$\kappa_s$、$n_s$、$C_s$ 为对应于

不同的振动频率和围压的实验拟合参数；振动频率对动强度的影响较小，但随着振动频率的加大，动强度会有所下降，在低应变速率下，高振动频率反而使动强度略有提高；由于荷载作用的综合作用，在高应变速率下，动强度大于静强度，在低应变速率下，动强度小于静强度。其间存在一个临界应变速率，约在 $1.667 \times 10^{-5} \sim 1.667 \times 10^{-4} s^{-1}$（即在 0.1%/min ~ 1.0%/min 应变附近）；存在一临界围压，当围压大于临界围压时，强度随围压的增加而减小。当围压小于临界围压时，动强度随围压的增大而增大。这主要是由于围压对动强度有两个方面的作用：一方面，围压降低土的冻结温度，相对提高了土体温度，冻土的内部联结被一定程度上削弱了，冰的流塑性和局部压融导致冰晶重新定向和冰重分布，降低了冰的黏聚力。另外，未冻水重分布和迁移，有一定的润滑作用，减小矿粒间摩擦，有利于矿粒定向排列和错位，这是减弱效应。另一方面，围压使冻土的微裂隙闭合，孔隙率变小，导致土体进一步固结，冻土动强度增强，这是增强效应。当围压大于临界围压时，减弱效应占主体，强度随围压增大而减小；当围压小于临界围压时，增强效应占主体，动强度随围压的变大而变大。在一定的围压下，一定的动强度对应一定的破坏振动次数，它们的对应关系表明存在长期动强度的下极限，即长期极限动强度。

赵淑萍等[60]根据蠕变实验结果，研究了冻结粉土的动强度和变形特征，提出冻土的累积应变曲线在不同振幅动荷载作用下均分为 3 个阶段：起始蠕变阶段、稳态蠕变阶段和渐进流阶段；不同振动幅值下动荷载作用的冻结粉土的残余应变随振动次数的变化规律一致；随荷载振动次数的增加，冻土的动强度减小，并趋于极限动强度。

张淑娟等[29]在围压为 0.3 ~ 16MPa，频率为 2Hz，温度为 -4℃和 -6℃条件下，通过一系列恒应力幅值循环动荷载实验，提出冻土动强度受到围压、振动次数和循环荷载作用下土体吸收的有效能量（损失能）的影响。试样温度的变化可以根据损失能推出，将温度与冻土动强度直接联系起来，提出振动荷载作用下损失能累积造成的温度额外升高是控制冻土动强度变化特性的主要因素之一。

高志华等[30]针对不同温度、不同围压下 50%的高含冰量重塑冻土进行了动三轴实验，发现随着振动次数的增大，动强度线性减小，动强度和温度呈二次函数变化关系，随着负温的增大，动强度也增大，而围压对动强度影响较小；随着温度的降低，动强度逐渐增大，围压对残余应变影响也不大；随着振动次数的增大，残余轴应变增大，呈幂函数的关系，根据这些影响因素，分别给出了高含冰量冻土的动强度和残余应变的计算公式。

焦贵德等[31]针对 -1℃的冻土试样在频率为 3Hz、5Hz、8Hz 的循环荷载下进行了单轴压缩实验，探讨了冻土在循环荷载下的累积变形和动强度。得出循环荷载作用下冻土的累积变形大小由加载的最大动应力大小决定，同一频率下加载的最大动应力越大，相同循环次数时的累积应变越大；根据加载的最大动应力的大小，累积应变与循环次数的关系曲线可表现为破坏型、稳定型和过渡型 3 种形态之一。提出加载频率对冻土累积应变的影响规律复杂，且受加载的最大动应力影响；当最大动应力较小时，频率的影响不明显；当最大动应力比较适中时，大体上频率越高，累积应变越大；当最大动应力比较大时，频率越高，累积应变越小。在 3%、5% 和 10% 的破坏应变下，频率为 8Hz 时冻土的动强度最大，而 3Hz 和 5Hz 的动强度比较接近。

Xu 等[61]通过对冻结粉质黏土在不同负温条件下施加单调循环荷载，研究了冻土在强度和刚度方面的破坏行为，发现了高延性与高脆性试样在摩擦滑动方面的差异是由不同的变形破坏方式引起的，并提出了以刚度下降状态作为冻土破坏判据的观点。基于现有研究可知：冻土的动强度随荷载振动次数的增大呈非线性减小趋势。冻土的动剪切强度指标包括动黏聚力和动内摩擦角，动黏聚力随振动次数的减小和温度的降低而增大，动内摩擦角随振动次数的增大和温度的降低而增大。恒应变速率增长的等幅动应变模式下，冻结粉土的动强度随围压变化或抗剪强度与动力作用时，静有效正应力与最大抗剪强度的关系服从抛物线破坏准则：

$$\tau_{\mathrm{m}} = b_0 - \frac{b_1^2}{4b_2} + b_2 \left( \sigma_{\mathrm{m,s}} + \frac{b_1}{2b_2} \right)^2 \tag{1-2}$$

其中，$\tau_{\mathrm{m}}$ 为最大抗剪强度（MPa）；$\sigma_{\mathrm{m,s}}$ 为出现 $\tau_{\mathrm{m}}$ 时的静有效正应力。

冻土的实验强度包络线主要通过常规三轴实验确定，只能获得子午面上强度轨迹。三轴实验的应力路径较简单，不能充分考虑应力路径效应对强度包络线的影响。现有冻土强度理论局限于 $p$-$q$ 平面下，缺乏具有实验数据支撑的真正全应力空间下的强度理论。

张斌龙等通过冻土空心圆柱扭剪仪，就主应力方向旋转条件下温度对冻结黏土的动力特性影响开展了一系列研究，发现在主应力旋转作用下，冻土累积塑性应变随温度的升高以指数形式增加，且温度的增加会导致冻土刚度下降，能量耗散率增加，并且主应力方向的旋转作用也会加速冻土损伤发展，降低冻土的抗荷载能力[62-63]。张斌龙等还研究了在纯主应力方向旋转条件下冻结黏土的变形及动力特性，表明纯主应力方向的旋转会引起土体广义剪切应变累积发展，且随着循环应力比的增大，累积塑性应变及能量耗散增加，刚度减小。随着加载频率的减小，特定振动次数下的累积塑性应变增大，刚度退化加速，能量耗散率增加。

Liu 等[64]通过冻土空心圆柱扭剪仪，针对动荷载作用过程中主应力方向对冻结粉质黏土变形特性的影响开展了一系列研究，发现当主应力偏转角小于 15° 时，以轴向变形为主，而当主应力偏转角在 15°～75° 时，则以扭转剪切应变为主，并主导试样破坏，并且主应力偏转角在 15°～45° 时，试样表现为压扭组合变形，超过 45°之后，则为拉（挤压拉长）扭组合变形。主应力偏转角为 45°时，冻土在动荷载作用下的抗变形能力最弱，达到同一广义剪切应变破坏标准所需的振动次数仅为主应力方向不发生偏转时的 10%。

## 1.3 小　结

冻土动力学是冻土力学的一个重要分支，它主要研究在动荷载作用下冻土的强度、变形特征及土体稳定性。目前冻土动力学还处在发展阶段，与常温下未冻土的动力学相比，还需要在基本性质、动态变形与动强度规律、动态响应等方面开展更深入的研究。早期的冻土动力学研究多针对温度相对较低的温度区间，对于工程上不稳定的高温冻土（−1.0～0℃），急需开展更加深入的研究。

## 参 考 文 献

[1] 崔托维奇 Н А. 冻土力学[M]. 张长庆，朱元林 译，徐伯孟 校. 北京：科学出版社，1985.

[2] 维亚洛夫 С С. 冻土流变学[M]. 刘建坤，刘尧君，徐艳 译，刘建坤 校. 北京：中国铁道出版社，2005.

[3] 吴紫汪. 冻土工程分类[J]. 冰川冻土，1982，4（4）：43-48.

[4] 陈肖柏，刘建坤，刘鸿绪，等. 土的冻结作用与地基[M]. 北京：科学出版社，2006.

[5] 赖远明，张明义，李双洋. 寒区工程理论与应用[M]. 北京：科学出版社，2009.

[6] 马巍，王大雁. 冻土力学[M]. 北京：科学出版社，2014.

[7] 徐学祖，王家澄，张立新. 冻土物理学[M]. 北京：科学出版社，2001.

[8] 周幼吾，郭东信，邱国庆，等. 中国冻土[M]. 北京：科学出版社，2000.

[9] 刘振亚，刘建坤，李旭，等. 非饱和粉质黏土冻结温度和冻结变形特性试验研究[J]. 岩土工程学报，2017，39（8）：1381-1387.

[10] 程国栋. 青藏高原多年冻土区路基工程地质研究[J]. 第四纪研究，2003，23（2）：134-141.

[11] 周幼吾，郭东信，邱国庆. 中国 1：1000 万冻土区划及类型图（2000）[Z/OL].（2021-04-20）[2022-10-25]. DOI：10.11888/Geocry.tpdc.270037. CSTR：18406.11.Geocry.tpdc.270037.

[12] 饶有致，刘建坤，常丹. 微胶囊相变材料改良粉质黏土的冻胀特性研究[J]. 冰川冻土，2023，45（1）：186-200.

[13] 孙兆辉，刘建坤，胡田飞，等. 用于调控多年冻土路基的太阳能压缩式制冷装置现场试验[J]. 岩石力学与工程学报，2022，41（S1）：3044-3052.

[14] 吴中海，赵希涛，吴珍汉，等. 西藏纳木错及邻区全新世气候与环境变化的地质记录[J]. 冰川冻土，2004，26（3）：275-283.

[15] 刘建坤，胡田飞，郝中华. 多年冻土区路基用太阳能吸附式制冷管的试验研究[J]. 铁道学报，2021，43（8）：139-146.

[16] 胡田飞，刘建坤，岳祖润，等. 季节性冻土区路基专用太阳能主动供热装置研究[J]. 中国铁道科学，2021，42（2）：39-49.

[17] 冉有华，李新，程国栋，等. 2005～2015 年青藏高原多年冻土稳定性制图[J]. 中国科学：地球科学，2021，51（2）：183-200.

[18] 胡田飞，刘建坤，常键，等. 基于新能源制冷技术的多年冻土路基维护方法研究[J]. 太阳能学报，2020，

41（2）：253-261.

[19] 刘振亚，刘建坤，李旭，等. PIV 技术在非饱和土冻胀模型试验中的实现与灰度相关性分析[J]. 岩土工程学报，2018，40（2）：313-320.

[20] 牛富俊，刘明浩，程国栋，等. 多年冻土区青藏铁路路基的长期热状况[J]. 中国科学：地球科学，2015，45（8）：1220-1228.

[21] 张伟，周剑，王根绪，等. 积雪和有机质土对青藏高原冻土活动层的影响[J]. 冰川冻土，2013，35（3）：528-540.

[22] 程国栋，金会军. 青藏高原多年冻土区地下水及其变化[J]. 水文地质工程地质，2013，40（1）：1-11.

[23] 汪双杰. 高原多年冻土区公路路基稳定及预测技术研究[D]. 南京：东南大学，2005.

[24] 董治平，张守洁，简春林. 青藏铁路未来地震灾害问题讨论[J]. 灾害学，2003（4）：35-39.

[25] 董治平，雷芳，董雷，等. 青藏铁路环境与地震灾害[J]. 工程地球物理学报，2004，1（3）：231-237.

[26] 赵淑萍，朱元林，何平. 冻土动力学参数测试研究[J]. 岩石力学与工程学报，2003，22（z2）：2677-2681.

[27] 刘振亚，刘建坤，李旭，等. 毛细黏聚与冰胶结作用对非饱和粉质黏土冻结强度及变形特性的影响[J].岩石力学与工程学报，2018，37（6）：1551-1559.

[28] 赵淑萍，马巍，焦贵德，等. 长期动荷载作用下冻结粉土的变形和强度特征[J]. 冰川冻土，2011（1）：144-151.

[29] 张淑娟，赖远明，李双洋，等. 冻土动强度特性试验研究[J]. 岩土工程学报，2008，30（4）：595-599.

[30] 高志华，石坚，张淑娟，等. 高含冰量冻土动强度和残余应变的试验研究[J]. 冰川冻土，2009，31（6）：1143-1149.

[31] 焦贵德，赵淑萍，马巍，等. 循环荷载下冻土的滞回圈演化规律[J]. 岩土工程学报，2013，35（7）：1343-1349.

[32] 徐学燕，仲丛利，陈亚明，等. 冻土的动力特性研究及其参数确定[J]. 岩土工程学报，1998，20（5）：80-84.

[33] 赵祺，桑源，高金麟，等. 冲击回波法评价混凝土质量研究综述[J]. 混凝土与水泥制品，2019（12）：18-23.

[34] Vinson T S，Chaichanavong T，Li J C. Dynamic testing of frozen soils under simulated earthquake loading conditions[J]. ASTM Special Technical Publication，1978：196-227.

[35] 陈亚婷. 重塑盐渍土未冻水变化特征及冻结条件下土动力学特性的研究[D]. 长春：吉林大学，2022.

[36] Vinson T S，Chaichanavong T，Czajkowski R L. Behavior of frozen clay under cyclic axial loading[J]. Journal of the Geotechnical Engineering Division，1978，104（7）：779-800.

[37] Li J C，Baladi G Y，Andersland O B. Cyclic triaxial tests on frozen sand[J]. Engineering Geology，1979，13（1-4）：233-246.

[38] 何平，朱元林，张家懿，等. 饱和冻结粉土的动弹模与动强度[J]. 冰川冻土，1993，15（1）：170-174.

[39] Ling X Z，Li Q L，Wang L N，et al. Stiffness and damping radio evolution of frozen clays under long-term low-level repeated cyclic loading：Experimental evidence and evolution model[J]. Cold Regions Science and Technology，2013，86：45-54.

[40] 赵福堂，常立君，张吾渝. 温度变化条件下路基盐渍土动应力-动应变响应规律研究[J]. 铁道标准设计，2019，63（5）：54-59.

[41] 施烨辉，何平，卞晓琳. 青藏铁路高温冻土动力学参数试验研究[J]. 路基工程，2006（5）：93-95.

[42] Kondner R L. Hyperbolic stress-strain response：Cohesive soils[J]. Journal of the Soil Mechanics and Foundations Division，1963，89（1）：115-143.

[43] Hardin B O，Drnevich V P. Shear modulus and damping in soils：Design equations and curves[J]. Journal of the Soil mechanics and Foundations Division，1972，98（7）：667-692.

[44] Liu J K，Cui Y H，Liu X，et al. Dynamic characteristics of warm frozen soil under direct shear test-comparison with dynamic triaxial test[J]. Soil Dynamics and Earthquake Engineering，2020，133：106-114.

[45] Martin G R，Seed H B，Finn W D L. Fundamentals of liquefaction under cyclic loading[J]. Journal of the Geotechnical Engineering Division，1975，101（5）：423-438.

[46] 吴志坚. 温度对动荷载作用下冻土动力特性影响的试验研究[D]. 兰州：中国地震局兰州地震研究所，2002.

[47] 凌贤长，王子玉，张锋，等. 京哈铁路路基冻结粉质黏土动剪切模量试验研究[J]. 岩土工程学报，2013（S2）：38-43.

[48] Ladanyi B. An engineering theory of creep of frozen soils[J]. Canadian Geotechnical Journal，1972，9（1）：63-80.

[49] Vyalov S S. Determination of Strength and Creep for Artificially Frozen Soils[M]. Leningrad，USSR：Leningr Otdelenie，1981.

[50] Ting J M. Tertiary creep model for frozen sands[J]. Journal of Geotechnical Engineering，1983，109（7）：932-945.

[51] Wijeweera H，Joshi R C. Creep behavior of fine-grained frozen soils[J]. Canadian Geotechnical Journal，1991，28（4）：489-502.

[52] 何平. 饱和冻结粉土的动力特性[D]. 兰州：中国科学院兰州冰川冻土研究所，1992.

[53] 朱元林，何平，张家懿，等. 冻土在振动荷载作用下的三轴蠕变模型[J]. 自然科学进展，1998，8（1）：62-64.

[54] 赵淑萍，何平，朱元林，等. 冻结砂土在动荷载下的蠕变特征[J]. 冰川冻土，2002，24（3）：270-274.

[55] Zhu Z Y，Ling X Z，Chen S J，et al. Experimental investigation on the train-induced subsidence prediction model of Beiluhe permafrost subgrade along the Qinghai–Tibet railway in China[J]. Cold Regions Science and Technology，2010，62（1）：67-75.

[56] Li Q，Ling X，Sheng D. Elasto-plastic behaviour of frozen soil subjected to long-term low-level repeated loading，Part I：Experimental investigation[J]. Cold Regions Science and Technology，2016，125：138-151.

[57] Zhou J，Tang Y Q. Practical model of deformation prediction in soft clay after artificial ground freezing under subway low-level cyclic loading[J]. Tunnelling and Underground Space Technology，2018，76：30-42.

[58] 沈忠言，张家懿. 围压对冻结粉土动力特性的影响[J]. 冰川冻土，1997，19（3）：55-61.

[59] 沈忠言，张家懿. 冻土退荷回弹动弹模[J]. 冰川冻土，1995（S1）：35-40.

[60] 赵淑萍，马巍，郑剑峰，等. 冻结粉土的动蠕变强度[J]. 实验室研究与探索，2007，26（10）：285-287，293.

[61] Xu X，Li Q，Xu G. Investigation on the behavior of frozen silty clay subjected to monotonic and cyclic triaxial loading[J]. Acta Geotechnica：An International Journal for Geoengineering，2020，15（5）：1289-1302.

[62] Zhang B L，Wang D Y，Wei Z W，et al. The effect of temperature on dynamic characteristics of frozen clay under principal stress Rotation[J]. Advances in Materials Science and Engineering，2021，2021：3127253.

[63] Zhang B L，Wang D Y，Lei L L. Dynamic deformation characteristics of frozen clay under pure principal stress rotation[J]. Arabian Journal of Geosciences，2022，15：281.

[64] Liu F R，Zhou Z W，Ma W，et al. The effects of the principal stress direction on the deformation behavior of frozen silt clay under the cyclic loading[J]. Transportation Geotechnics，2022，37：100870.

# 第 2 章  冻土动力学实验方法与设备

冻土动力学实验的首要任务是冻土低温环境的创建和低温试样的获得，精准的温度控制往往需要进行多重控制才能达到。冻土三轴实验是冻土动力学研究的重要手段之一，振动三轴实验法适用于大应变（$10^{-4} \sim 10^{-1}$）、低频率（零点几赫到十几赫）范围的测试，可以模拟地震荷载及交通荷载等作用，是目前使用最多的一种方法。低温动直剪测试方法也是一种简单的冻土动力学实验方法，可在缺少冻土动三轴仪情况下使用。对于复杂的冻土应力状态变化如交通荷载等的作用，可以用低温空心扭剪仪模拟。单纯冻土动力学参数可以通过共振柱法、波速法等获得。本章将介绍前述实验的原理、方法和相关实验。

## 2.1  冻土动力测试环境的创建与动荷载形式

针对冻土动力特性设计和实施实验，采用的仪器设备需要满足两个基本要求：负温稳定且可控，以及动荷载的灵活施加。

在冻土相关实验方面，普遍采用的土体制冷方法有间接制冷和直接制冷两种。

间接制冷方法是指创造负温环境，通过冷却空气来使暴露在空气中的设备和土体达到负温，具体而言，就是制造低温箱或低温室，将实验设备的部分或全部容纳进来。低温箱体要求具备良好的密闭和保温性能，能够打开且内部有足够的操作空间，有些箱体还整合了控制湿度功能。箱体构造上通常外层为金属外壳，内层为泡沫保温层或真空层，通常还设置了观察窗。低温箱体的制冷通常使用工业制冷设备，这类设备主要由大功率的压缩机和制冷管组成，由密集排布的制冷管冷却空气，间接冷却实验设备和土体。间接制冷方法的优点是设备通用性强，制造一个低温箱可以在其中安装多种实验设备，而一个低温室则可以容纳几乎所有类型设备，只要空间足够，且没有设备安装匹配的成本。其缺点是控温响应慢和制冷效率低。控温响应慢是因为制冷过程中传递介质过多，低温要先由冷液通过制冷管传导至空气，再由空气依次经过设备、土样容器（三轴仪还要通过围压液体）最终传导至土体。由于土体的导热系数较低而热容较大，其热传导和热平衡过程很慢，而空气的导热系数非常低以至于常用来做绝热材料，因此整个制冷过程的速度非常慢且表现出严重的滞后性。这种滞后性造成了控温响应速度非常慢，并影响了控温的稳定性，以至于通常都放弃将土体温度作为反馈调节的依据，而让制冷设备测量室内的空气温度并加以反馈调节，借由控制空气温度间接控制土体温度，土体温度另行测量记录。间接制冷方法的制冷效率低是由于低温箱体尺寸越大，越难做到绝热，大部分制冷功率浪费在冷却空气和设备不需制冷的部件，以及箱体与外围的热交换中，往往低温室运行的功率很大但土体温度最低只能降到负十几摄氏度。当由于必须的操作而打开低温室，则会造成明显的室温升高，以至于前功尽弃。

直接制冷方法是指跳过了空气介质，由压缩机冷却的冷媒直接和土样容器接触，通过容器冷却土体达到负温，具体就是制造带有冷媒通道的土样容器，并驱动冷媒循环流动于其中。冷媒由水泵驱动，循环通过压缩机和土样容器，与容器的接口需要经常拆卸，冷媒不能使用易挥发和污染的氟利昂，而通常使用乙二醇。乙二醇是常用的制冷液，其无色无味，化学性质稳定且不可燃，毒性较低，冰点为$-12.7℃$，但其能与水以任意比例混合，混合后的乙二醇水溶液冰点大大降低。乙二醇浓度在60%以内时，溶液冰点随浓度增加而降低，最低达$-60\sim-55℃$。土样容器通常设计为两层，内层为结构层，起到容纳土样、传递热量和承受荷载的作用，通常用导热性良好的不锈钢制作；外层为制冷层，主要设置冷液流经的腔室。腔室的位置应尽量全面地包裹在结构层外部，最大效率地冷却结构层，但应避开外部荷载作用的位置，以免影响容器的应力传递。通常使用钢板折弯成腔室，焊接在结构层外围，其内部做防锈处理，外部做防漏处理。腔室设进水口和出水口各一个并设阀门，进水口在低处，出水口在高处，以使首次通液循环时冷液由下而上填满腔室并排尽空气。为提高制冷效率，很多情况下在腔室靠空气的一侧，于钢板内部或外部铺设保温层。直接制冷方法的缺点是改装需依设备量身定制，土样容器不具备通用性。其优点则非常明显，一是控温响应迅速，跳过了空气介质和各种设备部件，冷液直接通过钢质的良导体冷却土体，使得土体温度对于压缩机功率变化的响应速度提高到可接受的程度，土体温度的精确控制成为可能。二是直接制冷方法的制冷效率很高。由于只对土样容器进行制冷，需要的压缩机通常不大，比较节能，而且土样容器以外的部分可以随意操作，各项工作可以正常进行，不会影响制冷过程。除了制冷方式的要求，稳定的温度环境离不开优良的控温模式和精确的测量。土体温度的测量和控制是一个完整的系统，由土体内部的传感器将温度数据不断传递至制冷设备的控制器，进行实测温度和目标温度的比较，由两者的差值确定实时制冷功率。在绝热良好、没有外部干扰且控温算法适合具体场合的情况下，土体温度会逐步逼近设定温度并维持相对稳定。土体温度传感器通常采用热电偶，将温度信号转换为电压信号，要求其电压随温度线性变化且精度在$0.1℃$以上。温度控制器为成熟产品，通常集测量、数字显示、功率控制于一体，安装在制冷设备上。

常规意义上的静荷载包括单调荷载和往复循环荷载。前者通常设定荷载大小从零开始缓慢增加，直到试样破坏为止。后者是前者时间上的延伸，即在荷载单调增加后又单调降低，如此循环往复以测试试样在多次加卸载过程中的静力特性。相比之下，动荷载的特征则完全不同：虽然其幅值也经历着反复增大和减小的过程，但从时间上看，这种过程要迅速得多，以至于需要考虑加速度现象。即在任意时刻，土体的受力和变形都不是一个平衡状态，需要用随时间变化的序列来描述，这也是动力问题和静力问题的根本区别。

动荷载的具体形式十分多样，就实际问题而言，可以分为两种：交通荷载和地震荷载。交通荷载指汽车和列车在通过时传递到路基土体中的荷载，其时程波形特征表现为脉冲信号，每个脉冲对应着一个轮轴通过时施加的荷载。轴重越大，脉冲函数的极值越大，而脉冲函数的时间间距是根据具体车速和行车间距确定的；相比之下，地震荷载的时程曲线大为不同。地震荷载是包含较宽频率范围的一系列震动的叠加，其在时程曲线上是杂乱无章的，接近于白噪声，而在频域曲线上是符合一定频谱特性的。因此地震荷载的时程曲线并不唯一，有一定的随机性。在实验中模拟地震荷载，可以使用实际具体地震事件记录到的时程曲线，也可以根据既定频谱特性，生成随机的人造地震时程曲线。

具体到实验设备上，动荷载的实现方式无外乎有两种：机械驱动式和液压驱动式。机械驱动式加载装置的优点是原理较简单，以电力驱动并且控制伸缩方便。其缺点是由于位移控制模式，在调节的过程中荷载突变较大，并且整个实验过程中需要以很高的频率不断反馈调节，对设计控制算法的要求较高。液压驱动式装置也被用于施加动力荷载，其通过液压泵维持液压油的压强，作用于施压部件上，并通过改变液压油的压强来改变输出压力。液压的优点在于技术成熟稳定，控制精确可靠，因为控制液体的压力要比控制固体容易得多，并且维持一个稳定液压需要的调节频率很低。由于输出的是压强，液压驱动式的加载能力并不受限于试样尺寸，适用于大型实验设备。其缺点是噪声大和持续性差。

## 2.2　冻土动三轴实验原理与方法

### 2.2.1　冻土动三轴实验原理

目前，国内学者测试冻土的动力特性绝大部分采用冻土三轴实验。徐学燕等[1]利用振动三轴材料实验机（MTS-810）在大量低温三轴实验的基础上给出了冻土的应力-应变关系、参数及动弹性模量，在国内首次计算出了冻土的动泊松比的数值；吴志坚等[2]基于地震动荷载作用下冻土的动三轴实验，采用振动三轴材料实验机（MTS-810），定量研究了重塑冻结兰州黄土的动本构模型、动弹性模量在不同温度（–2℃、–5℃、–7℃、–10℃）下的变化规律，建立了相应的温度影响模型；赵淑萍等[3-5]利用 MTS-810，以恒应力幅值动荷载实验方式，发现冻土的动弹性模量随频率的增加或温度的降低而增加，冻土的动阻尼比随频率的增加或温度的降低而减少的特性；张淑娟等[6]利用振动三轴材料实验机（MTS-810），在围压为 0.3～16MPa，频率为 2Hz，温度为−4℃、−6℃条件下，通过一系列恒应力幅循环动荷载实验，发现冻土动强度的变化不仅跟振动次数有关，而且与围压、循环荷载作用下土体吸收的有效能量（损失能）也有一定关系。国内大部分实验都是通过振动三轴仪（MTS）的相关实验获取数据从而进行分析。

动三轴实验是由静三轴实验发展而来的，两者在原理上有诸多相似之处。动三轴实验的轴向力条件和静三轴实验相似，将模拟动主应力施加在试样上，在实验过程中，随时监测试样的动态反应。这种反应主要包括以下几个方面：动主应力（或动主应力比）、动应变、相应的孔隙压力等。根据这几方面的相对关系，可以推出土样的动弹性模量、阻尼比等动力学参数，以及试样在模拟振动过程中表现出的性状。动三轴实验按实验方法分为两种，即双向激振式和单向激振式。

常侧压动三轴实验又被称作单向激振三轴实验，首先在试样上施加静态恒定的水平轴向力，再通过对试样施加周期性的竖向应力，达到对土样施加周期变化的大主应力的目的，从而使循环变化的剪应力和正应力施加在土样的内部。

通常根据土层的实际受力状态来确定对土样施加的周围压力 $\sigma_0$，一般可采用平均主应力 $\sigma_0 = 1/3(\sigma_1 + 2\sigma_3)$，以便使实验可以模拟天然应力条件，这一思路和静三轴实验的设计思路相同。在设计施加在土样上的动应力时，也需要尽量考虑模拟的实际情况。例如，在模拟地震作用时，需要首先计算建筑物附加荷载、土层自重以及施加的应力与模拟地震加速度或地震基本烈度的对应关系，相当于计算动应力 $\sigma_d$。在土样上以半波峰幅值形式施加动荷载，在每个周期中其受力状态如图 2-1 所示。由图 2-1 可见，正应力为 $\sigma_0 + \sigma_d/2$ 作用在土样内 45°斜面上，动剪应力值在同一斜面上是正负交替的 $\sigma_d/2$。因此，在靠近天然地面附近，土体所受的上覆压力和侧压力较小，因而对土样所施加的围压也应较小。当对土体的液化特征或动强度进行实验时，需要对土样施加较大的轴向力，而此时由于围压较小，就会出现 $\sigma_0 - \sigma_d < 0$ 的情况，土样则会受到张力，目前设计的动三轴仪是无法完成张力测量的。

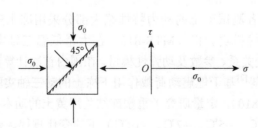

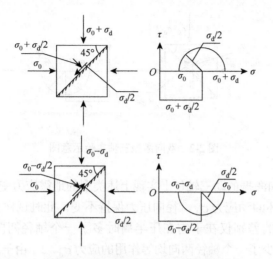

图 2-1　单向激振三轴实验示意图

变侧压动三轴实验也被称作双向激振三轴实验，能够有效弥补单向激振三轴实验的不足之处，从图 2-2 中可以得知其实际应力状态。

仍然是以天然应力条件来设计实验的围压状态，施加动应力的方式和单向激振三轴实验有所不同，双向激振三轴实验采用同时对土样施加水平向应力和竖向应力，两者的相位差为 180°，施加动应力大小为 $\sigma_d / 2$，则可始终维持 $\sigma_0$ 在土样内部的 45°斜面处，动剪应力值为正负交替的 $\sigma_d / 2$。在模拟地震作用时，不受应力比 $\sigma_1 / \sigma_3$ 限制。

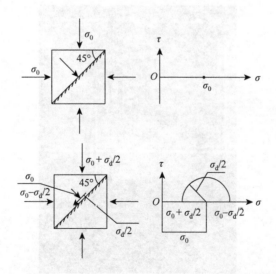

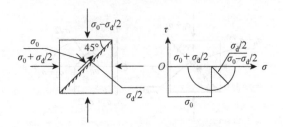

图 2-2　双向激振三轴实验示意图

　　如果要在单向激振的动三轴仪上实现上述类型的地震应力变化过程，则因它只能在轴向施加循环的动应力 $\sigma_d$，径向压力保持不变，此时试样上的应力状态和地震时的应力状态的差别仅在于它在压半周时多了一个轴径两向均等作用的应力 $\sigma_d / 2$，拉半周时少了一个轴径两向均等作用的应力 $\sigma_d / 2$。由于这种在应力上的差别是各项均等的，它的作用与孔隙水压力相类似，因此，会对土强度和变形特性有所影响，单向激振三轴实验的上述外加应力条件即可以视为和地震时的应力条件等效，用它来研究土的动力特性问题，只是需在计算土的实际发展的孔隙水压力时，从测得的累计孔隙水压力中减少或增加一个 $\sigma_d / 2$ 的应力值。

　　中国科学院西北生态环境资源研究院冻土工程国家重点实验室的 25t 振动三轴材料实验机（MTS-810）可以进行冻土的动、静力下恒荷载或恒变形速率单三轴拉、压实验（图 2-3），主要技术指标：轴向力为 250kN，围压为 0～20MPa，位移为 0～75mm，频率为 0～20Hz，温度为–30～30℃，长期精度为±3%，短期精度

图 2-3　冻土工程国家重点实验室振动三轴材料实验机（MTS-810）

为±1%。振动三轴材料实验机（MTS-810）是 1989 年从美国 MTS 公司订货，1990年 10 月到货安装调试并进入科研实验，由常小晓、马巍等后期对其进行了改进，使得该系统实现了全数字技术控制[7]。该实验机承担了众多的科研任务，何平、沈忠言、张嘉懿、赵淑萍、朱元林等文中的实验均使用该仪器进行实验。

　　国内开展冻土静三轴实验相对较多。于基宁、王稔等研制了一种低成本、高精度、能够满足一般设计单位需求的低温冻融三轴实验机（图 2-4）[8]，在对常规三轴加载系统进行适当改造的基础上安装与之配套的低温恒温循环系统，采用压缩机和热电制冷联合制冷，设备的控温范围：−30～50℃，并以此设备进行了不同冻融次数、不同固结压力、不同细粒含量的初始实验条件的室内实验。

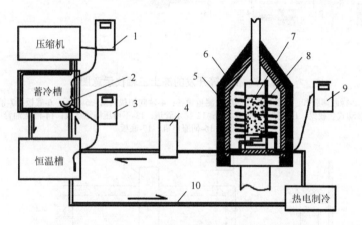

图 2-4　于基宁、王稔等研制的低温冻融三轴实验机

1-压缩机温控器；2-蓄冷槽循环泵；3-恒温槽温控器；4-系统循环泵；5-压力室保温层；6-三轴压力室；7-温度传感器；8-内置散热器；9-温度检测设备；10-循环保温管路

　　汪仁和等[9]根据人工冻土实验规程和力学性能的特点，设计出可进行单轴蠕变实验和冻土单轴抗压强度实验的微机控制系统一体机，设置了应变控制加载、应力控制加载和蠕变实验三套独立的系统，并可以通过模拟工况人为设定实验参数，开展微机控制实验。

　　Yao 等[10]为了更好地了解冻土的力学性能，开发了一种新型的三轴仪器（图 2-5），其主要特点是：可以在加载过程中精确控制温度，温度可以精确到±0.02℃；通过高精度的应变测量装置可以精确测量冻土的 $k_0$ 值（体变），并通过高精度的体变传感器测量加载过程中的位移及体变。

　　关辉等[11]开发出适用于高压条件下土的室内冻融实验装置（图 2-6），使用该设备对有压条件下兰州黄土在不同冷端温度下的单向冻结特征进行了实验研究。通过实验证明，该装置能够为高压条件下土的冻结特征及冻融作用后土的物理力学性质研究提供技术支持。

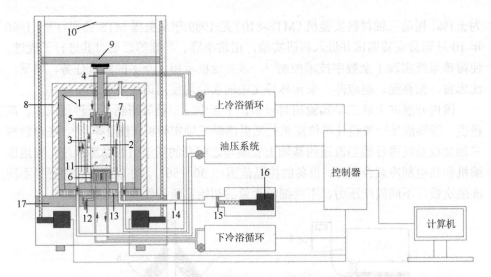

图 2-5　Yao 等开发的冻土三轴仪示意图

1-压力单元；2-橡胶薄膜和密封圈；3-径向应变测量设备；4-轴向加载活塞；5-顶板；6-底板；7-钢制循环管；
8-绝缘箱；9-移动式装载梁；10-钢架；11-透水石；12-排水管道；13-不可压缩绝缘板；14-液压油管；15-径向加载
活塞；16-伺服电机；17-底板

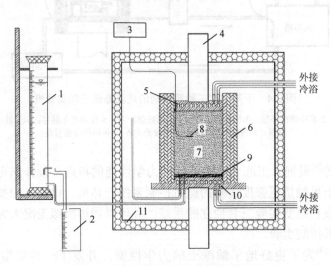

图 2-6　高压条件下室内冻融实验装置

1-马廖特瓶；2-量筒；3-数采仪；4-压力实验机；5-控温顶板；6-试样筒；7-试样；8-温度探头；9-透水石；
10-控温底板；11-恒温箱

## 2.2.2　冻土动三轴实验方法

崔颖辉[12]针对粉质黏土，利用北京交通大学冻土实验室的大型负温动三轴实验系统，进行了一系列动力实验。实验主要测试高温冻土在不同温度、不同地震烈度下的动力特性，不同的地震烈度 7 度、8 度、9 度分别选择振动次数 10 次、20 次、30 次。地震方向按水平剪切波考虑。该实验施加的动荷载为等效的、逐级增加动应力幅值的、加载卸载周期变化为正弦曲线的循环荷载，振动频率采用 1Hz。每个级别的动荷载由最大动应力 $\sigma_{1max}$ 和最小动应力 $\sigma_{1min}$ 确定。最大动应力 $\sigma_{1max}$ 和最小动应力 $\sigma_{1min}$ 即正弦波的波峰和波谷。加载的方程如式（2-1）：

$$\sigma(t) = \sigma_3 + \sigma_a + \sigma_d \sin(2\pi f t) \tag{2-1}$$

其中，$\sigma_3$ 为围压，$\sigma_a$ 为初始静应力，$\sigma_d$ 为动荷载幅值，$f$ 为加载频率，$t$ 为加载周期。

　　实验采用应力控制方式，每一级别的动应力下振动 10 次、20 次、30 次，然后逐级增加动应力，直至试样的应变达到 5%以上时停止。实验数据由低温动、静三轴仪实时采集，采样频率设为 0.05s。实验温度选为 15℃、0℃、−0.5℃、−1℃、−1.5℃五级温度，每级温度分别施加 100kPa、200kPa、300kPa 的围压，具体实验方案见表 2-1，实验仪器采用北京交通大学自行研发的低温冻土动三轴仪。

**表 2-1　高温冻土动三轴实验条件总表**

| 试样组编号 | 温度/℃ | 含水率/% | 围压/kPa | 每周期振动次数/次 | 初始最大动应力/kPa | 每级应力增量/kPa |
|---|---|---|---|---|---|---|
| 1 | 15 | 18.1 | 100 | 10/20/30 | 200 | 50 |
| 2 | 15 | 18.1 | 200 | 10/20/30 | 200 | 50 |
| 3 | 15 | 18.1 | 300 | 10/20/30 | 200 | 50 |
| 4 | 0 | 18.1 | 100 | 10/20/30 | 400 | 200 |
| 5 | 0 | 18.1 | 200 | 10/20/30 | 400 | 200 |
| 6 | 0 | 18.1 | 300 | 10/20/30 | 400 | 200 |
| 7 | −0.5 | 18.1 | 100 | 10/20/30 | 400 | 200 |
| 8 | −0.5 | 18.1 | 200 | 10/20/30 | 400 | 200 |
| 9 | −0.5 | 18.1 | 300 | 10/20/30 | 400 | 200 |
| 10 | −1 | 18.1 | 100 | 10/20/30 | 400 | 200 |
| 11 | −1 | 18.1 | 200 | 10/20/30 | 400 | 200 |
| 12 | −1 | 18.1 | 300 | 10/20/30 | 400 | 200 |
| 13 | −1.5 | 18.1 | 100 | 10/20/30 | 400 | 200 |
| 14 | −1.5 | 18.1 | 200 | 10/20/30 | 400 | 200 |
| 15 | −1.5 | 18.1 | 300 | 10/20/30 | 400 | 200 |

　　按照实验方法，典型的加载过程见表 2-2～表 2-4。表 2-2 为土体温度 0℃、围压 300kPa、振动频率为 1Hz 时的加载过程；表 2-3 为土体温度−0.5℃、围压 100kPa、振动频率为 1Hz 时的加载过程；表 2-4 为土体温度−1.0℃、围压 200kPa、振动频率为 1Hz 时的加载过程。从加载过程中也可以看出，在温度低、围压大的情况下，土壤需要更多个加载循环才能加载到规定的破坏应变。

**表 2-2　0℃围压 300kPa 条件下试样每级加载动应力**

| 实验条件 | 土体温度：0℃/围压：300kPa/振动频率：1Hz | | | | | | | | | |
|---|---|---|---|---|---|---|---|---|---|---|
| | 1 | 2 | 3 | 4 | 5 | 6 | 7 | 8 | 9 | 10 |
| 最大动应力 $\sigma_{1max}$ | 600 | 800 | 900 | 1000 | 1200 | 1400 | 1600 | 1800 | 2000 | 2200 |
| 最小动应力 $\sigma_{1min}$ | 200 | 400 | 500 | 600 | 800 | 1000 | 1200 | 1400 | 1600 | 1800 |

**表 2-3　-0.5℃围压 100kPa 条件下试样每级加载动应力**

| 实验条件 | 土体温度：-0.5℃/围压：100kPa/振动频率：1Hz | | | | | |
|---|---|---|---|---|---|---|
| | 1 | 2 | 3 | 4 | 5 | 6 |
| 最大动应力 $\sigma_{1max}$ | 600 | 800 | 900 | 1000 | 1200 | 1400 |
| 最小动应力 $\sigma_{1min}$ | 200 | 400 | 500 | 600 | 800 | 1000 |

| 实验条件 | 土体温度：-0.5℃/围压：100kPa/振动频率：1Hz | | | | |
|---|---|---|---|---|---|
| | 7 | 8 | 9 | 10 | 11 |
| 最大动应力 $\sigma_{1max}$ | 1600 | 1800 | 2000 | 2200 | 2400 |
| 最小动应力 $\sigma_{1min}$ | 1200 | 1400 | 1600 | 1800 | 2000 |

**表 2-4　-1.0℃围压 200kPa 条件下试样每级加载动应力**

| 实验条件 | 土体温度：-1.0℃/围压：200kPa/振动频率：1Hz | | | | | | |
|---|---|---|---|---|---|---|---|
| | 1 | 2 | 3 | 4 | 5 | 6 | 7 |
| 最大动应力 $\sigma_{1max}$ | 600 | 800 | 900 | 1000 | 1200 | 1400 | 1600 |
| 最小动应力 $\sigma_{1min}$ | 200 | 400 | 500 | 600 | 800 | 1000 | 1200 |

| 实验条件 | 土体温度：-1.0℃/围压：200kPa/振动频率：1Hz | | | | | | |
|---|---|---|---|---|---|---|---|
| | 8 | 9 | 10 | 11 | 12 | 13 | 14 |
| 最大动应力 $\sigma_{1max}$ | 1800 | 2000 | 2200 | 2400 | 2600 | 2800 | 3000 |
| 最小动应力 $\sigma_{1min}$ | 1400 | 1600 | 1800 | 2000 | 2200 | 2400 | 2600 |

图 2-7～图 2-9 是一些典型的加载过程应力-应变曲线，即为 0℃、振动 30 次情况下，围压分别为 100kPa、200kPa、300kPa 的应力-应变曲线，从图中可以看到，随着应力幅值的增加，应变不断增加，且应变的增幅也不断增加。从第 1 个循环应变从 0%增加到 0.25%，增幅为 0.25%；到第 5 个循环中应变从 2.75%增加到 4.5%，增幅为 1.75%，增幅增加了 6 倍。从图中也可以看出，在其他条件不变的情况下，达到破坏应变 5%需要的应力峰值，围压 100kPa 条件下为 1100kPa，围压 200kPa 条件下为 1450kPa 左右，而围压 300kPa 条件下则为 2070kPa。

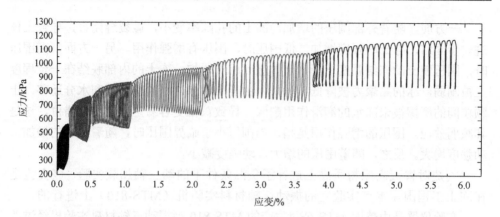

图 2-7　实验条件为 0℃、围压 100kPa、单级振动次数为 30 次的加载曲线

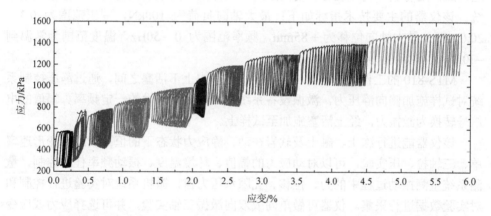

图 2-8　实验条件为 0℃、围压 200kPa、单级振动次数为 30 次的加载曲线

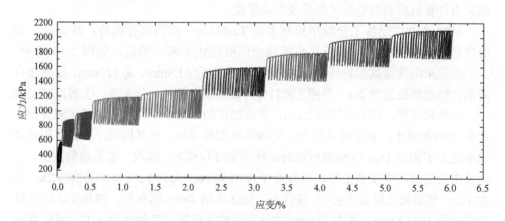

图 2-9　实验条件为 0℃、围压 300kPa、单级振动次数为 30 次的加载曲线

一方面，随着外部围压的增加，冻土的孔隙率变小，微裂缝闭合，导致土体进一步固结，冻土动强度增加，低围压时，围压有增强作用。另一方面，高围压时，围压使土的冻结温度下降，土体温度相对增加，冻土的内部联结在一定程度上被削弱，冰的黏聚力被降低。另外，由于土中未冻水的重分布和水分迁移，土颗粒间的摩擦被未冻水的润滑作用削弱，导致颗粒更容易定向排列和错位，这是其减弱效应。围压的增强作用是指，当围压小于临界围压时，随着围压的增加，动强度增大。反之，随着围压的增大，动强度减小。

刘婕对青藏高原粉质黏土进行了负温条件下的动三轴加载实验。该实验是在冻土工程国家重点实验室的振动三轴材料实验机（MTS-810）上进行的。

实验仪器是由美国 MTS 公司生产的 MTS-810 型振动三轴材料实验机经过改造而成，配有循环制冷设备、耐高压三轴试样罐、实验机数控设备和数据采集系统。该仪器的主要技术指标如下：最大轴向负荷为 100kN，围压范围为 0.3～20.0MPa，最大轴向位移为 + 85mm，频率范围为 0～50Hz，温度范围为常温到 –30℃，控温精度为 + 0.1℃[13]。

MTS-810 的工作原理是将试样置于三轴室内上下活塞之间，通过静压控制系统对试样施加侧向静压力，激振设备系统将微机系统提供的一定频率、幅值的电信号转换为激振力，经上活塞施加至试样上。

该仪器能进行冻土、融土及软岩在动、静应力状态下的恒荷载或恒变形速率单、三轴拉、压实验，可以对动应力的幅值、环境温度、振动频率任意控制，量测系统量测振动过程中的力、位移、孔隙水压力值，微机系统对实验进行控制和对实验数据进行采集。仪器可做单向或双向激振三轴实验，并可选择应力或应变控制模式，同时可输入各种波形如谐波、冲击波和随机波等进行实验，所有实验结果由计算机控制的数据采集系统自动采集。

MTS-810[14]配备了全数字控制系统 TestAide，由四部分组成：计算机、全数字控制器、手动控制面板（包括紧急停机按钮）和实验机，如图 2-10 所示。

实验采用青藏高原粉质黏土，试样尺寸为直径 61.8mm、高 125mm，如图 2-11 所示。物理参数见表 2-1。参照文献[15]制备重塑土样，共分 6 步：①将原状土风干、碾碎和过筛，筛子孔径为 2mm，然后测定初始含水率；②加蒸馏水配置含水率为 18%的湿土，易于搅拌均匀，限制蒸发保持 24h，使其均匀，使得各测点含水率之差不超过 1%；③根据所需的试样干密度和体积，称取一定质量的湿土，一次性击实装模制成重塑土样，模具直径为 61.8mm，高为 125mm；④抽气 2h、饱水 12h，然后将土样置于–30℃条件下，快速冻结 48h；⑤脱模、细加工，将土样变成直径为 61.8mm、高为 125mm 的标准试样，试样的高径比为 2.02，可以克服试样两端摩擦对实验结果的影响；⑥恒温 24h，保证土体温度整体一致。

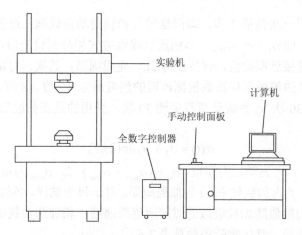

图 2-10　实验助手全数字控制系统

图 2-11　实验土样

　　仪器的主要实验对象为冻土，因此，估算仪器的主要性能参数时，数值分析中冻土材料各项参数取自实测的低温粉质黏土动力学参数，土样为青藏高原粉质黏土，土样的主要物理参数见表 2-5。

表 2-5　数值模拟土样物理参数表

| 土质 | 干密度/(g/cm³) | 含水率/% | 塑限/% | 液限/% | 塑性指数/% |
| --- | --- | --- | --- | --- | --- |
| 青藏高原粉质黏土 | 1.80 | 18.00 | 20.24 | 28.29 | 8.05 |

　　按 Seed 等建议的方法，本实验采用分级加载的方式对土样施加动荷载，每个

试样的加载过程一共包括 2 步，即固结过程和轴向动荷载施加过程。首先，采用等压固结方式，即 $\sigma_1 = \sigma_2 = \sigma_3$，将围压以线性方式加载到设定值，历时 30min，为保证土样重度接近原始值，保持压力 2h，完成固结；其次，对试样分级施加轴向动荷载。谐波的等效循环次数根据地震的烈度确定（7 度、8 度、9 度时分别为 10 次、20 次、30 次），每级动荷载振动 30 次，采用的是正弦波形，如式（2-2）所示：

$$\sigma(t) = \sigma_3 + \sigma_d \sin(2\pi f t) \qquad (2-2)$$

其中，$\sigma_3$ 为围压，$\sigma_d$ 为动应力幅值，$\sigma_d = (\sigma_{max} - \sigma_{min}) / 2$，$\sigma_{max}$ 为最大动应力，$\sigma_{min}$ 为最小动应力，$f$ 为加载频率，$t$ 为加载周期。对于每个试样，各级荷载下的 $\sigma_a$ 保持不变，动应力幅值随加载级数的增加而逐级递增，相邻两加载级数之间动应力幅值的增加量相等，具体实验条件见表 2-6。

表 2-6　高温冻土动三轴实验条件总表

| 编号 | $T/℃$ | $W/\%$ | $\sigma_3$ /MPa | $f$/Hz | $\sigma_{m1}$ /MPa | $\sigma_{m2}$ /MPa |
|------|-------|--------|----------|--------|-----------|-----------|
| 1 | −1.5 | 18.0 | 0.5 | 0.2 | 0.145 | 0.143 |
| 2 | −1.5 | 18.0 | 0.5 | 0.5 | 0.145 | 0.143 |
| 3 | −1.5 | 18.0 | 0.5 | 1.0 | 0.145 | 0.143 |
| 4 | −1.5 | 18.0 | 0.5 | 3.0 | 0.145 | 0.143 |
| 5 | −1.5 | 18.0 | 0.5 | 5.0 | 0.145 | 0.143 |
| 6 | −1.0 | 18.0 | 0.3 | 1.0 | 0.144 | 0.143 |
| 7 | −1.0 | 18.0 | 0.4 | 1.0 | 0.145 | 0.143 |
| 8 | −1.0 | 18.0 | 0.5 | 1.0 | 0.146 | 0.143 |
| 9 | −0.0 | 18.0 | 0.5 | 1.0 | 0.145 | 0.143 |
| 10 | −0.5 | 18.0 | 0.5 | 1.0 | 0.145 | 0.143 |
| 11 | −1.0 | 18.0 | 0.5 | 1.0 | 0.145 | 0.143 |
| 12 | −1.5 | 18.0 | 0.5 | 1.0 | 0.145 | 0.143 |
| 13 | −6.0 | 18.0 | 0.5 | 1.0 | 0.145 | 0.143 |
| 14 | −1.5 | 13.0 | 0.5 | 1.0 | 0.145 | 0.143 |
| 15 | −1.5 | 16.0 | 0.5 | 1.0 | 0.145 | 0.143 |
| 16 | −1.5 | 18.0 | 0.5 | 1.0 | 0.145 | 0.143 |
| 17 | −1.5 | 20.0 | 0.5 | 1.0 | 0.145 | 0.143 |

表 2-6 中 $\sigma_{m1}$ 为第 1 级荷载下的动应力幅值，$\sigma_{m2}$ 为相邻两级荷载的动应力幅值增量。不同加载频率条件下各个试样施加的动荷载大小相等，青藏高原粉质黏

土在不同围压下的三轴强度一样。实验条件不同，对试样施加的动荷载级数不同，当试样的应变累积达到 25% 时，实验终止。

## 2.3　冻土动直剪测试方法

直剪仪具有结构简单、消耗试件少、固结快、省时、仪器刚度大、传力明确、操作简单等诸多优点[16]，目前在国内外仍普遍采用。崔颖辉等研制了一种动荷载直剪仪，针对冻土在动荷载下进行实验。冻土动直剪实验系统的各子系统的关系如图 2-12 所示。

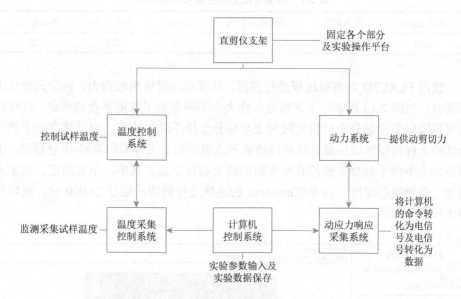

图 2-12　冻土动直剪实验系统关系图

作为一套复杂的工作体系，冻土动直剪实验系统主要由以下几部分组成：动力系统、直剪仪支架、温度控制系统、计算机控制系统及相应的数据采集系统，各个子系统协调工作、共同完成实验任务，可对冻土进行多因素影响下的动力特性实验。

实验系统主要组成部分由北京交通大学岩土实验室自主研制设计，主要内容如下。

### 1. 整体参数设计

冻土动直剪实验系统应该具有一定的尺寸限制，在满足各项实验目的的前提下，同时考虑项目经费、实验室空间等条件，首先将直剪盒尺寸确定为冻土实验的 100mm（长）×100mm（宽）×60mm（高）和常温实验的 150mm（长）×150mm（宽）×60mm（高）两种规格。根据相关冻土动力学参数实验结果，由数值分析方法得到的冻土环境中模型极限承载力对动力加载系统的主要动力性能参数进行设计。

极限承载力预估值基于数值模拟软件 FLAC3D 计算，根据所得结果进而确定动力系统负载合理值。仪器的主要实验对象为冻土，因此，估算仪器的主要性能参数时，数值分析中冻土材料各项参数取自实测的低温粉质黏土动力学参数，土样为青藏高原粉质黏土，土样的主要物理参数见表 2-7。

表 2-7 数值模拟土样主要物理参数表

| 干密度/(kg/m³) | 含水率/% | 弹性模量/MPa | 泊松比 | 黏聚力/kPa | 内摩擦角/(°) |
|---|---|---|---|---|---|
| 1800 | 20.4 | 180 | 0.28 | 220 | 20 |

使用 FLAC3D 对直剪过程进行模拟，估算破坏时所用轴向力，模型只建立土样部分，如图 2-13 所示。上下部分土样大小不同是为了方便下盒的固定，这样建模可以固定下半部分土样的同时对上半部分土样不施加约束。而只建立一个切片形式的土样可以加速运算，对最终结果不造成影响。土样采用莫尔-库仑模型，土样分为上下两个部分，模拟真实实验中的上盒和下盒，其中，下盒固定，在上盒施加一个恒定的速度，以 0.02mm/min 的速度进行剪切，运行 25 000 次，足以使得土样充分破坏。

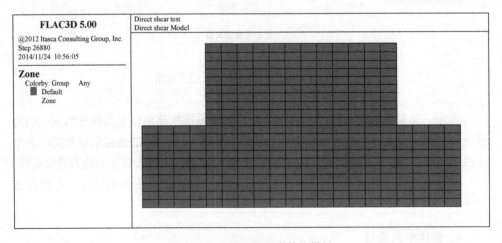

图 2-13 直剪破坏强度数值模拟

土样的上半部分和下半部分之间使用接触面单元建立连接，如图 2-14 所示。

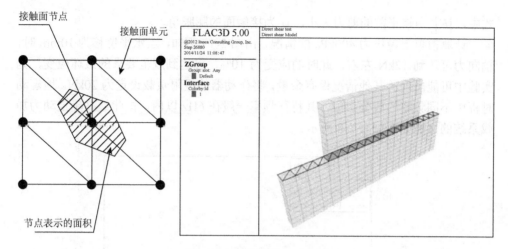

图 2-14　接触面单元示意图

　　在每个时间步计算中，首先得到接触面节点和目标面之间的绝对法向刺入量和相对剪切速度，再利用接触面本构关系来计算法向力和切向力的大小[17]。在接触面处于弹性阶段，$t+\Delta t$ 时刻接触面的法向力和切向力分别通过式（2-3）、式（2-4）得到：

$$F_n^{(t+\Delta t)} = k_n u_n A + \sigma_n A \tag{2-3}$$

$$F_s^{(t+\Delta t)} = F_s^{(t)} + k_s \Delta u_s^{(t+0.5\Delta t)} A + \sigma_s A \tag{2-4}$$

式中，$F_n^{(t+\Delta t)}$ 为 $t+\Delta t$ 时刻的法向力；$F_s^{(t+\Delta t)}$ 为 $t+\Delta t$ 时刻的切向力；$u_n$ 为接触面节点贯入到目标面的绝对位移；$\sigma_s$ 为接触面应力初始化造成的附加切向应力；$\Delta u_s$ 为相对剪切位移增量；$\sigma_n$ 为接触面应力初始化造成的附加法向应力；$k_n$ 为接触面单元的法向刚度；$k_s$ 为接触面单元的切向刚度；$A$ 为接触面节点代表面积。图 2-14 为接触面的本构关系示意图，对于 Coulomb 滑动的接触面单元存在两种状态：相互滑动（broken）和相互接触（intact）。接触面发生相对滑动所需要的切向力 $F_{smax}$ 根据 Coulomb 抗剪强度准则得到：

$$F_{smax} = c_{if} A + \tan \phi_{if} (F_n - uA) \tag{2-5}$$

式中，$c_{if}$ 为接触面的凝聚力，$\phi_{if}$ 为接触面的摩擦角，$u$ 为孔压。

　　当接触面上的切向力小于最大切向力（$|F_s| < F_{smax}$）时，接触面处于弹性阶段；当接触面上的切向力等于最大切向力（$|F_s| = F_{smax}$）时，接触面进入塑性阶段。在滑动过程中，剪切力保持不变 $|F_s| = F_{smax}$，但剪切位移会导致有效法向应力的增加，如式（2-6）：

$$\sigma_{n+1} = \sigma_n + \frac{|F_s|_o - F_{smax}}{Ak_s} \tan \psi k_n \tag{2-6}$$

式中，$\left|F_s\right|_o$ 为修正前的剪力大小，$\psi$ 为接触面的膨胀角。

计算模拟上覆压力 400kPa 的情况，由图 2-15 可知，当水平位移为 10mm 时，轴向力可达到 12kN 左右，此时的应变为 10%，已达到规范要求的破坏应变，为实验中可能出现的其他情况保有余量，将作动器的极限负载设定为 20kN。地震动时程由不同频率的成分组成，其特征频率一般在 6Hz 以内，据此最终确定动力加载系统的性能参数如表 2-8 所示。

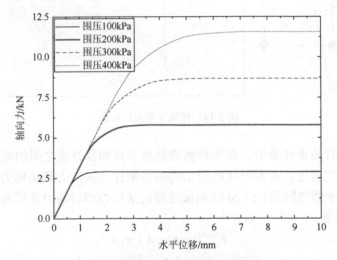

图 2-15　土样轴向力-水平位移曲线

**表 2-8　动荷载加载系统主要性能参数**

| 设计项目 | 性能参数 |
| --- | --- |
| 荷载幅值范围 | 1～20kN |
| 活塞最大行程 | −50～50mm |
| 振动频率 | 0.5～4Hz |

**2. 加载模块设计**

新型冻土动直剪仪的伺服加载系统根据土工实验加载要求设计而成，应满足表 2-8 提出的性能指标。根据表 2-8 所要求伺服加载系统的性能指标，有三种控制方式可以选择：步进电机控制、液压伺服控制和伺服电机控制。各控制方式的优缺点如下[18]。

步进电机的优点是不受外界负载、环境条件和电压的影响；精度和运动的重复性能很好；电机的结构比较简单，成本较低，启停和反转响应速度较快；其转速范围比较宽。但步进电机的缺点也较为明显：步进电机都有共振区，会有强烈的振动和噪声；步进电机的各相绕组电感所形成的反向电动势会随速度或频率的增加而变大，影响步进电机的力矩。

液压加载的优点主要有：相对于机械传动而言，液压加载更容易实现直线运动；液压加载工作响应速度快，比较平稳，易于实现制动、快速启动和频繁换向；能在运行过程中进行调速，而且可以实现大范围的无级调速；液压仪器的制造、费用均较低，且方便维修，寿命较长。其缺点为：占用空间较大；不宜在高温或低温的环境下工作；不利于长距离传动；对液压的污染比较敏感。

伺服电机的优势在于控制精度较高，抗过载能力强，但需要经常对电机进行维护，对环境要求较高。

动直剪仪对动力源的要求是具有一定的驱动能力，同时又能达到一定的位置控制精度，以上三种控制方式都可以满足要求，但是结合设计及加工成本、各控制方式的优缺点、伺服加载系统精度的要求后，低温动直剪仪最终选用液压伺服控制系统实现位移和轴向力的动态加载。

根据动力系统频率及动力活塞行程，最终将液压作动器的有效面积定为 $A=3\times10^{-3}\mathrm{m}^2$，油源压力选定为 7MPa；并在此基础上，根据负载要求和典型工况进行负载匹配计算，使系统的负载轨迹曲线与阀特性曲线相匹配，确定伺服阀的空载流量应高于 $Q_m=56\mathrm{L/min}$，考虑有外泄等因素故 $Q_m=60\mathrm{L/min}$。负载轨迹曲线如图 2-16 所示，只有当负载轨迹曲线被阀特性曲线包裹时，伺服阀才能够满足性能要求。

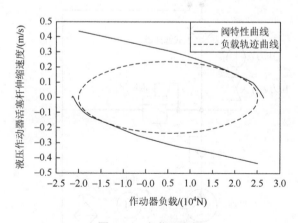

图 2-16　负载匹配图

液压系统[19]由北京交通大学机械工程学院设计，根据动直剪仪的性能参数，确定与之相匹配的液压系统性能参数。根据确定的系统性能参数及负载匹配的计算结果，确定液压系统各部分相应的性能参数，如表 2-9 所示。液压系统油路工作原理图如图 2-17 所示。

**表 2-9　液压系统各部分性能参数表**

| 部件名称 | 性能参数 |
|---|---|
| 变量泵 | 工作压力 7.0MPa；最大流量 72L/min，系统过滤精度为 25μm |
| 油泵电机 | 电机功率为 15kW |
| 伺服阀 | 选择 SFL223 偏导射流阀；7MPa 下的空载流量为 60L/min |
| 作动器 | 额定工作压力 7MPa；活塞行程为 200mm；活塞直径取 70mm；活塞杆直径为 32mm |
| 油箱 | 油箱容量为 500L；系统采用水循环冷却方式；选用型号为 2LQFL 的列管式油冷却器；结构形式选用螺纹方式连接的翅片式，冷却面积为 0.65m²，工作压力为 1MPa；油压降≤0.1MPa；水压降≤0.015MPa；工作水温 25～30℃，工作油温≤100℃ |

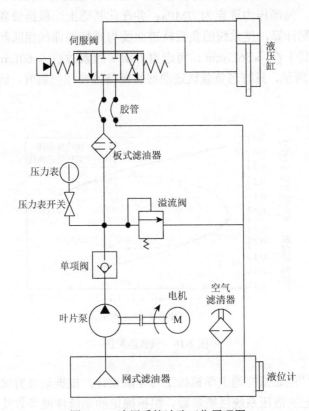

图 2-17　液压系统油路工作原理图

3. 直剪盒设计

实验过程中，直剪盒有两个作用，一是将作动器输出的动荷载传递到土样上面，二是为土样提供一个可以精确控温的环境，因为做冻土实验时，需要能够准确控制土体温度。根据传统直剪仪直剪盒的设计，综合实验目的、作动器性能等因素，冻土动荷载直剪盒的设计要求及具体实现方案如下。

（1）满足实验尺寸。根据张祺[20]的研究，当直剪盒长度满足 35 倍的颗粒粒径大小，同时满足直剪盒厚度大于其长度的 $\frac{1}{2}$ 时，直剪实验的尺寸效应可以忽略，考虑液压系统设计及细粒土尺寸，将直剪盒内径尺寸定为 100mm（长）×100mm（宽）×60mm（高），可以满足 2.85mm 以下的细粒土实验，而一般的直剪实验中，常要求 10 倍左右的尺寸比例。

（2）结构稳固。直剪盒需要有足够的刚度和强度，在动荷载循环作用下保持结构不变形，且能够将动荷载传递给土样。直剪盒采用厚度为 16mm 的 Q235 钢板焊接而成，可以满足实验要求。

（3）精确控制温度。冻土动直剪仪是为测量冻土的动力性能而开发的仪器，提供精确的温度控制是仪器的核心功能之一。为了满足精确控制温度的功能，对常规的直剪盒进行了改进，可控温直剪盒设计方案见图 2-18 和图 2-19。

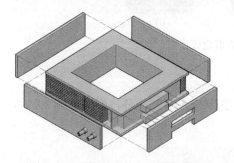

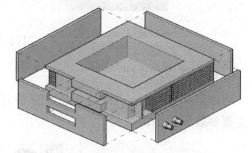

图 2-18　可控温直剪盒上盒示意图　　　　图 2-19　可控温直剪盒下盒示意图

上盒尺寸内径为 100mm（长）×100mm（宽）×40mm（高），外径为 150mm（长）×150mm（宽）×40mm（高）；下盒尺寸内径为 100mm（长）×100mm（宽）×30mm（高），外径为 100mm（长）×100mm（宽）×45mm（高）。直剪盒上、下盒采用整钢铣铸和焊接结合的工艺，内部结构用整块钢材铣成，保证了直剪盒的刚度和强度；在直剪盒外部焊接 6mm 厚的钢板，保证了内部空间的密封性。从图 2-20（c）、（d）中可以看出，直剪盒中空部分铣出 1mm 厚、间隔 2mm、深 12mm 的散热片。在直剪盒内腔中焊接一个间隔，使通入冷冻液时，冷冻液有统一的流动方向。在外焊接钢板上铣 2 个 5mm 圆孔，安装相应尺寸的接头，用于外接冷浴装置。最终在剪切盒外层粘贴一层隔温膜，尽量减少热损失。加工完成后的可控温直剪盒成品图，如图 2-20（f）所示。

图 2-20　可控温直剪盒成品图

### 4. 控温模式设计

冷浴采用 ThermoFisher Scientific 公司生产的 A40 型循环冷浴仪（图 2-21），主要参数见表 2-10。

图 2-21　A40 型循环冷浴仪

表 2-10　A40 型循环冷浴仪性能参数

| 性能参数 | 数值 |
| --- | --- |
| 温度范围 | −28～150℃ |
| 制冷能力 | 800W |
| 冷浴容积 | 12L |
| 额定电压 | 230V，50Hz |
| 最大压力 | 300mbar/4.35psi |
| 温度误差 | 0.02°C |
| 流速 | 17L/min |

注：1psi = 6.895kPa。

实验室采用乙二醇-水溶液作为冷冻液，乙二醇-水溶液具有使用安全、便于勾兑、冰点低等优点。使用保温管将循环冷浴仪出液管连接直剪盒下盒中的一个接口，再从下盒的另一个接口接入上盒的任意接口，最终冷冻液从上盒的接口接回循环冷浴仪，完成控温过程，循环过程如图 2-22 所示。

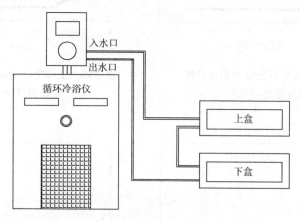

图 2-22　冷浴循环示意图

为了测试所研制的可控温直剪盒的制冷效果，在实验室室温 18.5℃的初始环境下，将青藏高原粉质黏土配置成含水率为 17.92%的土体，在直剪盒中分层压实。在土样中部 2cm、4cm 处以及侧边 2cm、4cm 处各埋设一枚 PT100 型温度传感器（温度采集范围−100～100℃，分辨率为 0.01℃，如图 2-23 所示，也可外接 DataTaker 进行不间断监测）监测土体温度变化。测试分两次进行，目标土体温度为−5℃和−1℃，温度的采样间隔为 60min，实验结果如图 2-24～图 2-27 所示。

图 2-23　PT100 型温度传感器及读数器

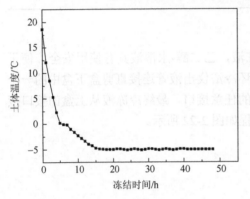

图 2-24　土样中心 2cm 处温度曲线
（目标温度–5℃）

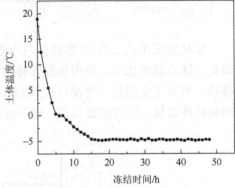

图 2-25　土样中心 4cm 处温度曲线
（目标温度–5℃）

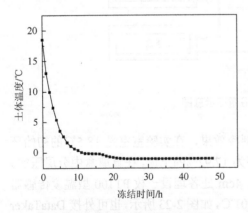

图 2-26　土样中心 2cm 处温度曲线
（目标温度–1℃）

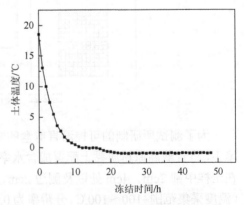

图 2-27　土样中心 4cm 处温度曲线
（目标温度–1℃）

从图 2-24～图 2-27 中可以看出,当目标温度设为−5℃时,大约需要 15h 左右使得整个土体温度均匀;当目标温度设为−1℃时,大约 11h 左右使得整个土体温度均匀。控温直剪盒四个角上的温度较中心温度更快达到目标温度,这与其更加接近控温直剪盒,且与控温直剪盒接触比表面积更大有关。值得注意的是,在 0℃附近,由于存在由水变为冰的相变现象发生,会有一段时间,温度并不降低,经过这段时间后,温度将继续向着目标温度降低。

5. 整体配合设计

直剪仪工作台是为动荷载实验提供稳定的工作平台,提供了直剪盒的运动轨道,同时也牢固地固定了作动器。与普通直剪仪工作平台不同的是,冻土动直剪实验系统在普通直剪仪工作台的左侧增加了一块拼接钢板,用于固定作动器,如图 2-28 所示。

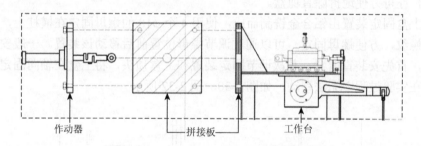

图 2-28　作动器与工作台拼接示意图

作动器部分,如图 2-29 所示,轴向长 680mm,在轴身中部焊有一块正方形钢板,钢板的尺寸为 380mm（长）×380mm（宽）×20mm（高）,钢板的四角打有 $\phi 32$ 的孔,孔与孔之间的间距为 320mm;作动器前端轴直径为 35mm,作动器头部最多可以向前伸长 200mm;作动器后端装有油压的进出管及控制电路。工作台左侧拼接板尺寸为 400mm（长）×400mm（宽）×25mm（高）,预留孔位置与作动器预留孔相对应,用 4 颗 $\phi 32$ 的螺丝固定作动器与拼接板,螺丝与螺母之间均放置弹簧垫片和胶皮垫片,以减少振动干扰。钢板中部开有 $\phi 100$ 的孔,可以将作动器的伸缩头伸到直剪仪工作台端,伸缩头前端安装 $\phi 18$ 的铰接头,即可与直剪盒下盒铰接在一起,控制直剪盒下盒在轴向上前后运动。通过以上措施,可以将作动器与直剪仪稳定地固定在一起。在直剪仪的底部预留了地锚孔,可以将直剪仪与地面锚固在一起,增强整体稳定性。

冻土动直剪仪与静直剪仪在实验过程中受力方式是截然不同的,静直剪仪一般只受一个单方向的力,只要在直剪盒移动方向做好固定装置,仪器就可以正常运行。而动直剪仪在实验过程中,受到从直剪盒下盒传来的两个方向的轴向力,

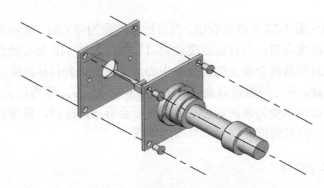

图 2-29 作动器与拼接板组装示意图

故需要从两个方向将其固定，再考虑方便安装直剪盒，在直剪仪横向固定杆上安装一个可移动的紧固块，可以方便地固定直剪盒上盒，在实验结束后，通过松开螺母，亦可方便地拆除直剪盒。

上盒固定装置由铝合金铣制而成，使用 4 个 $\phi 18$ 的螺母固定在横杠上，横杠刻有螺纹，方便螺母固定。可以通过调节螺母位置前后移动该装置。一般安装顺序为，首先安装直剪盒，其次调节固定装置和上盒顶头，将上盒在轴向固定住，使其在实验过程中无法移动，如图 2-30～图 2-32 所示。

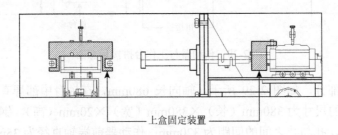

上盒固定装置

图 2-30 上盒固定装置设计示意图

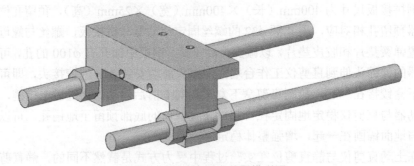

图 2-31 上盒固定装置模型图

图 2-32　上盒固定装置成品图

6. 测控系统设计

　　计算机控制系统包括监测系统和数字控制器两部分。监测系统包括位移传感器与力传感器，主要用于采集力信号与位置信号，采用一个计算机监控下的实时控制单元，控制液压作动器，采用研华数据采集卡（包括 D/A 和 A/D）采集各种传感器信号，并驱动伺服阀；数字控制器的构架是采用计算机搭载数据采集板卡的模式，主要包括数据采集板卡、计算机、人机接口与调理电路。测控系统示意图如图 2-33 所示。数字控制器主要负责对采集信号进行处理，通过控制算法得到控制信号并输出给执行机构。计算机、板卡控制系统如图 2-34 所示。

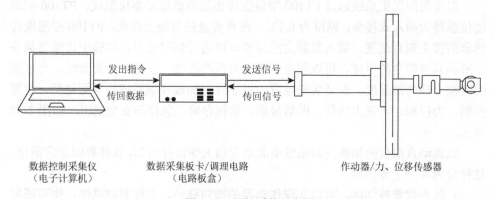

图 2-33　测控系统示意图

图 2-34　计算机、板卡控制系统

　　冻土动荷载实验主要目标是得到实验过程中土体的应力、应变及温度数据，据此，设计仪器的测量系统。应力-应变测量系统固定在作动器上，由测力环及位移传感器组成，能实时反馈由作动器端传递的应力及应变，精度为 0.02N，由计算机端进行数据采集，采样频率为 20～1000Hz。实验中常用的动荷载频率为 1～4Hz，故一般应力、应变采集频率设置为 50Hz。在计算机端分别记录输入动应力-时间、反馈动应变-时间和反馈动应变-时间三组数据，最终保存为.txt 文件，以便对数据进行进一步的处理。

　　温度数据采集系统通过 PT100 型温度传感器和数据采集仪组成，PT100 型温度传感器为插入式接头，精度为 0.1℃，在直剪盒的盖板上开孔，PT100 型温度传感器的接头刻有刻度，插入直剪盒的深度可以通过刻度读出，实验中传感器插头一般插到直剪盒的中部，可以测量直剪盒内部的温度，在做冻土实验时，可以实时监测土样内部温度，保证实验温度的可靠性。加载控制系统的界面包括：位置控制、力控制、正弦力加载、图形显示、数据存储、急停与安全退出，如图 2-35 所示。

　　低温动直剪仪的加载控制系统由北京交通大学自行研制，软件界面非常简洁。软件分为 4 个主要部分。

　　1 区为位置控制区，可以实现作动器的轴向移动，方便装卸试样，也可模拟在加载波形之前，使试样达到指定的应变。在可修改对话框填入目标位置，点击

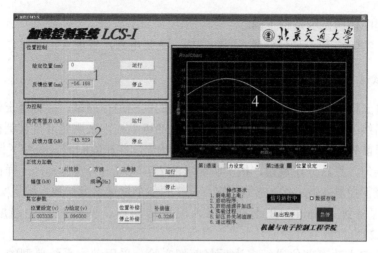

图 2-35　加载控制系统界面

运行，观察反馈对话框，反馈对话框为实时的作动器头位置反馈值，停止按钮可以随时终止移动过程。

2 区为力控制区，可使作动器对试样施加一个大于或等于 0 的轴向力，可以模拟在加载波形之前，对试样施加指定应力的情况，使试样承受指定的应力。运行和停止按钮功能与 1 区相同，在此不赘述。

3 区为波形加载区，在幅值对话框中填入实验目标幅值，频率对话框填入目标频率，点击运行，即可开始实验，到达指定循环周期后，点击停止，终止实验。有三种波形：正弦波、方波和三角波可选。

4 区为实时显示区，可以显示实验运行过程中力设定、力反馈、位置设定、位置反馈 4 个值中的 2 个值，在下面的 2 个下拉菜单中，根据实验需要，合理选择显示选项。

一般的实验操作流程是：

（1）制备土样。根据具体的实验需求在实验前将土样制备齐备。

（2）安装试样。将制备好的土样从模具中拆出，并装入控温直剪盒。把直剪盒固定在直剪仪工作平台的轨道上。

（3）连接液压、循环冷浴装置。连接好循环冷浴装置，需要注意的是循环冷浴液需从下盒进入，再从上盒回到循环冷浴仪，这样连接的效果较好。

（4）设置冷浴到目标温度，控温 48h。

（5）启动实验系统。启动计算机、板卡箱、油泵系统。

（6）实验前准备。将上盒固定牢靠，2 个方向的固定螺丝均与直剪盒紧密接触。根据实验要求增加配重块，设置好软件中的各个参数，检测完毕，准备实验。

（7）开始实验。按下开始按钮，观察实验过程中各个仪器的工作情况，以及实验过程中数据显示是否正确。

（8）实验结束。保存数据，拆卸试样，关闭电源，整理实验器材。

### 7. 试运行测试

通过土样的测试实验，对冻土动直剪仪的性能进行测试，实验用土依然为青藏铁路沿线的青藏高原粉质黏土。为了实验的可靠性，采用标准批量制样方法，即在制样前先将土配成含水率为18.1%的散状土，并在限制蒸发条件下保持约6h使土体均匀，然后分层装模，按实验要求的干容重将土夯实压密，土样在−1℃的冷浴环境下控温48h，经传感器测定，试样的各个位置温度一致，满足实验要求。实验过程持续10min，在土样中插入温度传感器，实验过程中温度保持在−1℃±0.2℃。

使用冻土动直剪仪进行多次反复剪切实验，采用动力系统典型的工况频率1Hz，振动波形采用正弦波，上覆压力为100kPa，起始施加一个60kPa的静力，待静力稳定后，在静力的基础上增加一个幅值为40kPa的动力，当循环至第1956次时，应变增大至15%，停止实验。计算机端数据采集系统采集由作动器头的力传感器的反馈值，经滤波后的位移时程曲线和应力时程曲线如图2-36所示，相应的应力-应变曲线如图2-37所示。从图2-37中截取5个连续的典型周期进行分析，如图2-38所示。将动荷载反馈值和水平位移值换算成土样的应力和应变，相应的应力-应变曲线如图2-39所示。

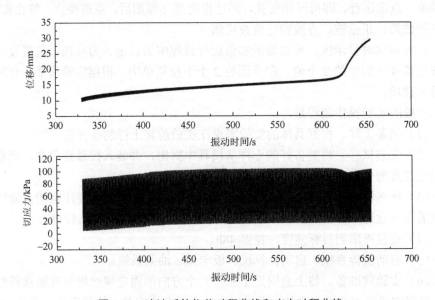

图2-36　滤波后的位移时程曲线和应力时程曲线

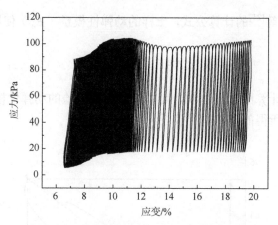

图 2-37　滤波后动荷载下的应力-应变曲线

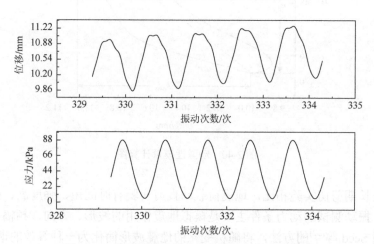

图 2-38　典型周期位移时程曲线和应力时程曲线

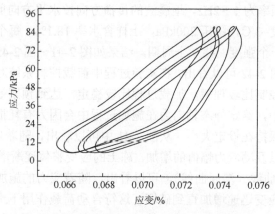

图 2-39　换算后动荷载下应力-应变曲线

按照 Vinson 等[21]的计算公式，土样的动弹性模量（$E_d$）使用式（2-7）计算：

$$E_d = \frac{\sigma_{\text{max.deviator}}}{\varepsilon_{\text{max.axial}}} \tag{2-7}$$

动弹性模量计算图见图 2-40，可以得到测试实验的动弹性模量为 83.7MPa，与使用动三轴仪所得的数值非常接近。

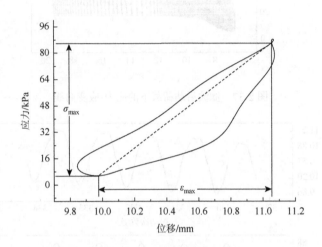

图 2-40　动弹性模量计算图

与较长期剪切实验相比，地震荷载动直剪实验有时间短、强度高、破坏迅速的特点。振动测试的动力条件主要是模拟地震作用的波形、方向、频幅和持续时间。按照 Seed 等[22]的方法，将随机变化的地震波形简化为一种等效的谐波作用，谐波的等效循环次数根据地震的烈度确定（7 度、8 度、9 度时分别对应 10 次、20 次、30 次），频率为 1～2Hz，地震波的传播方向按水平方向剪切波考虑。测试实验采用冻土温度–3℃，围压 200kPa，土样含水率 18.1%，每个强度振动 60 次，暂停 15s 继续下一个强度，共 9 个周期，结果如图 2-41～图 2-43 所示。

由图 2-41、图 2-42 可以看出，在实验过程中荷载控制系统对实验中静态轴向力和动力幅值的控制比较理想，加载过程比较稳定，达到预期效果。需要注意的是，在实验过程中，给定静态轴向力在施加过程中会因为有耗损而逐渐减小，需要手动补给使其保持在设定大小。从图 2-41 中可以看出，随着加载时间的增长、加载静态轴向力以及动应力幅值的增加，冻土的应变整体逐渐增大。而图 2-43 中给出的应力-应变曲线（滞回曲线），可以看出，随着应力的施加，滞回曲线逐渐向后移动，后期应变迅速增加直到破坏，这符合动荷载作用下土的破坏规律，表征了土体在动应力作用下应变的滞后特性。图中前半部分颜色较深，滞回圈比较

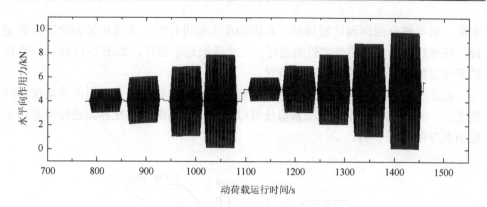

图 2-41　测试实验水平力时程曲线

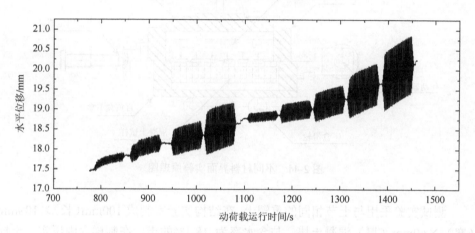

图 2-42　测试实验水平位移时程曲线

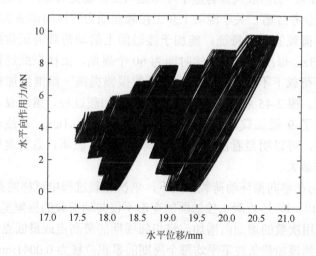

图 2-43　水平位移与作用力关系曲线

密集，后半部分滞回圈比较稀疏，是因为在实验进行中，土体在最初阶段变形缓慢，应变比较小，而随着实验的进行，土体逐渐趋于破坏，如图 2-42 所示，具体的应变发展情况将在第 3 章详细研究。

　　冻土与混凝土接触面的力学特性是研究冻土与构筑物相互作用的典型核心问题之一，与动三轴仪相比，动直剪仪可以对不同种类的材料交界面进行实验，实验的原理图见图 2-44。

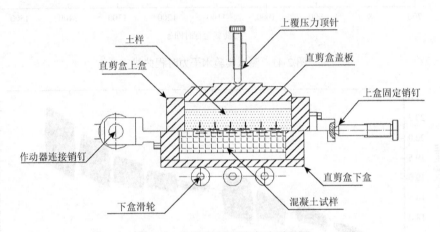

图 2-44　不同材料界面实验原理图

　　测试实验采用与上节相同的重塑土。在结构实验室制成 100mm（长）×100mm（宽）×60mm（厚）混凝土块，与含水率为 18.1%的土，在制样盒中压实，土样的压实度为 96%。然后放入直剪盒中冷却至−1℃，稳定 48h，开始实验。具体的实验结果可以参考吕鹏[23]关于混凝土和土接触面动力特性的详细实验。

　　考虑地震荷载的时程特征，施加于接触面上的动荷载为正负持平的正弦形式，频率为 1Hz。每次加载的持续时间为 60 个周期，土样在此过程中不发生破坏，则认为该荷载下不会发生破坏，将荷载振幅提高一级继续加载，直到试样发生破裂为止。图 2-45 展示了一例典型的试样加载过程，黑线表示动荷载的时程，一共经历了 9 级加载，每级振幅较上一级提高 0.1kN；灰线表示对应的直剪盒相对位移，可以明显看出第 9 级加载时发生了破坏，直剪盒相对位移在短时间突然达到最大。

　　图 2-46 为在单向循环动荷载作用下，单次加载过程中试样的荷载-位移滞回曲线。可以看出，冻土-混凝土接触面的变形不仅与动荷载的振幅呈正相关，而且随着动荷载作用次数的增加而增加。将相邻周期的最高点或最低点的位移相减后取平均值，得到该加载条件下平均每个周期的累积位移为 0.0041mm。

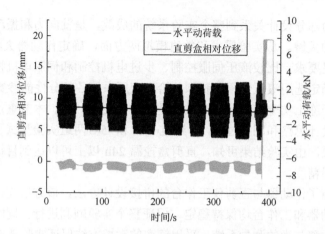

图 2-45　不同材料典型加载过程的水平动荷载和直剪盒相对位移变化曲线

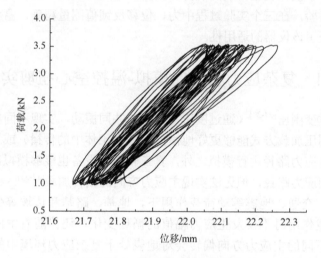

图 2-46　荷载-位移滞回曲线

经过三组不同形式实验的测试，可以初步得出冻土动直剪实验系统符合最初的设计目标，测试精度和适用性也符合要求，但是与其他仪器的对比和校正还需要更多的实验来证实。

8. 仪器设计总结

本节介绍了冻土动直剪仪的设计全过程。其中关于冻土动直剪仪，重点介绍了动力系统、可控温直剪盒、作动器与工作台拼接设计及其测试实验。

（1）详细阐述了冻土动直剪仪的土工实验需求、设计思路和设计目标，从整体上讨论了其系统组成和需要研究的内容。

（2）动力部分设计关系到整个实验系统的成败，是轴向力和振动能力能否到达实验目的的关键。从实验需求和数值模拟两方面，确定作动器大约需要 12kN 的力可以满足要求。比较液压伺服控制、步进电机控制和伺服电机控制之间的优缺点，最终确定选用液压伺服控制，并给出液压系统各部分性能参数。

（3）对于冻土实验来讲，精确控温是非常重要的一环。本节重点介绍了可控温直剪盒的设计思路和制作过程，并通过−1℃和−5℃两组实验测试了可控温直剪盒的控温效果，由实验结果可知，直剪盒控温 24h 以上可以达到目标温度，同时能够满足控温精度。

（4）介绍了作动器与直剪仪工作台的拼接设计方法，该方法使得在施加动荷载过程中作动器和工作台均保持稳定，保证整个实验顺利进行。同时介绍了冻土动直剪仪的位移与力的测量系统，采用精密的数控方法保证实验精度。

（5）进行了模拟交通荷载的动剪切实验、地震的动剪切实验以及不同材料界面的动荷载实验，在三个实验过程中力、位移反馈值测量精确，温度控制过程稳定，初步验证了该仪器的适用性。

## 2.4 复杂应力状态的模拟-温控空心扭剪实验

除了通过变围压[24-29]（通过围压与轴压的共同振动，实现不同应力路径的加载方式，变围压加载方式能够更好地模拟 P 波在土体中的传播）或双向剪切[30-31]等方法对循环应力路径进行模拟之外，真三轴实验设备也能够模拟出更为复杂的多种三维空间应力路径，但无法实现主应力方向的偏转加载[32-33]。

在波浪、交通、地震等动荷载作用下，地基、路基和边坡等受力条件比较复杂，动荷载作用时不仅发生应力幅值的循环变化，还伴随着主应力轴循环旋转现象。而不同的主应力方向偏转会对地表处于复杂应力环境中的土体产生扰动，进而形成极为复杂的循环应力环境。研究冻土在不同主应力方向上动荷载作用下的力学特性，对于边坡、大坝等工程构筑物在地震荷载作用下的动力稳定性评估，以及在工程设计中提高冻土区工程构筑物的抗震性能等，都具有非常重要的意义。

空心圆柱仪是可以实现包括主应力轴旋转在内的多种复杂应力条件的较为先进的土工实验设备[34]。赵宇[35]进行了不同荷载方式（循环圆扭剪、循环椭圆扭剪、循环扭剪、循环三轴）的不排水粉土动力实验，发现不同应力路径下粉土动强度存在较大差异，且循环圆扭剪应力路径下动强度最小。沈扬等[36]研究了主应力轴旋转时软黏土的动强度特性，发现考虑主应力轴旋转时的动强度相比循环三轴实验明显减小。杨爱武等[37]研究了主应力轴旋转条件下振幅和波形对天津滨海吹填土动力特性的影响，发现波形对累积应变影响具有临界效应，而考虑主应力轴旋转时正弦波加载的动强度最小。2016 年中国科学院西北生态环境资源研究院冻土工程国家重点实验室与美国 GCTS 公司联合研发了新型冻土空心圆柱仪（FHCA-300），可独立施加内围压、外围压、轴向力和扭矩来改变 3 个主应力的大小和方向，从而更为真实地模拟冻土在地震荷载、交通荷载等多向应力和主应力轴旋转等复杂应力路径下的应力-应变关系，其构成图如图 2-47 所示。该仪器具有先进的加载控制装置，其轴压/扭矩综合作动器能够同时实现轴压和扭矩荷载的闭环电液伺服控制。所用 SCON 信号解调器能够实现所有控制参数和土体应力状态参数的实时监测，并实现对加载状态的自适应调节，因此能够输出稳定的高频动荷载。

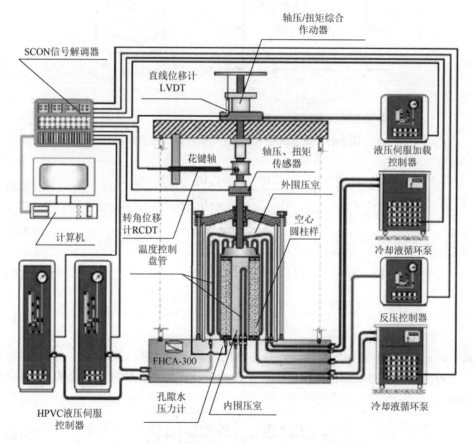

图 2-47　冻土空心圆柱仪（FHCA-300）构成图[38]

　　实验系统可直接控制的参量为轴向力 $W$(kN)、扭矩 $M_T$(N·m)、外腔压力 $p_o$(MPa)以及内腔压力 $p_i$(MPa)。空心圆柱样的加载体系与相关的应力状态如图 2-48 所示，相应应力计算可由式（2-8）～式（2-15）计算求得。

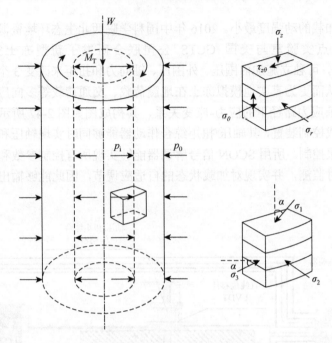

图 2-48　加载过程中冻土空心圆柱样的受力状态

$$\sigma_z = \frac{W}{\pi(r_o^2 - r_i^2)} + \frac{p_o(r_o^2 - r_p^2))}{r_o^2 - r_i^2} \qquad (2\text{-}8)$$

$$\tau_{z\theta} = \frac{M_T(r_o - r_i)}{\pi(r_o^4 - r_i^4)} \qquad (2\text{-}9)$$

$$\sigma_r = \frac{p_o r_o + p_i r_i}{r_o + r_i} \qquad (2\text{-}10)$$

$$\sigma_\theta = \frac{p_o r_o - p_i r_i}{r_o - r_i} \qquad (2\text{-}11)$$

式中，$r_o$，$r_i$，$r_p$ 分别为外径、内径与轴向加载杆的半径。

若主应力状态中幅值恒定仅偏转角发生变化，则单元体应力状态有如下映射关系：

$$\sigma_1 = \frac{\sigma_z + \sigma_\theta}{2} + \sqrt{\left(\frac{\sigma_z - \sigma_\theta}{2}\right)^2 + \tau_{z\theta}^2} \qquad (2\text{-}12)$$

$$\sigma_3 = \frac{\sigma_z + \sigma_\theta}{2} - \sqrt{\left(\frac{\sigma_z - \sigma_\theta}{2}\right)^2 + \tau_{z\theta}^2} \qquad (2\text{-}13)$$

$$\sigma_2 = \sigma_r \qquad (2\text{-}14)$$

$$\alpha = \frac{1}{2}\tan^{-1}\left(\frac{2\tau_{z\theta}}{\sigma_z - \sigma_\theta}\right) \tag{2-15}$$

若研究问题为主应力轴偏转的影响，在实验过程中保持 $\sigma_2 = \sigma_3$ 恒定，$\sigma_1$ 按一定的幅值振动，根据 $\sigma_1$、$\sigma_2$、$\sigma_3$、$\tan\alpha$ 与 $\sigma_z$、$\tau_{z\theta}$、$\sigma_r$、$\sigma_\theta$ 以及 $W$、$M_T$、$p_o$、$p_i$ 之间的映射关系，可以确定目标 $\sigma_1$、$\sigma_2$、$\sigma_3$、$\alpha$ 所需设定的轴向力 $W$、扭矩 $M_T$、外压 $p_o$、内压 $p_i$ 的初值和幅值。

## 2.5　冻土动力学参数测试的共振柱法

共振柱仪根据土样的共振频率确定波速，再根据波速与弹性常数的关系，得到弹性模量或剪切模量，用于土的动力计算[39]。共振柱法适用于高频率（几赫到几百赫）、小应变（$10^{-5} \sim 10^{-3}$）的范围测试，是一种无损检测方法。根据共振原理，在一个圆形试样上施加扭转激振力或纵向激振力，调节振动频率使其产生共振，由边界条件、试样尺寸、共振频率求得试样的动模量，计算公式见式（2-16）、式（2-17）。

$$E_d = \rho\left(\frac{2\pi f_n H}{\beta_1}\right)^2 \tag{2-16}$$

$$G_d = \rho\left(\frac{2\pi f_n H}{\beta_s}\right)^2 \tag{2-17}$$

式中，$\rho$ 为试样的质量密度，$f_n$ 为共振频率。通过自振法得到阻尼比，即施加一个初始角位移给试件，然后释放应力，使试样自由振动，计算公式见式（2-18）。

$$\eta = \frac{1}{2\pi m}\ln\left(\frac{A_n}{A_{n+m}}\right) \tag{2-18}$$

式中，$A_n$ 为第 $n$ 次的振幅，$A_{n+m}$ 为第 $n+m$ 次的振幅。

1975 年 Stevens[40]使用美国陆军寒带研究与工程实验室（CRREL）的共振柱装置研究了正弦激振下的冻土动力响应特性，探讨了影响冻土刚度和阻尼的主要因素。该装置的结构如图 2-49 所示，共包含 3 个作动器，其中左、右作动器控制扭转自由度，垂直作动器控制竖直方向自由度。

中国地震局工程力学研究所于 2012 年与英国 GDS 公司联合研制了国内首台低温共振柱仪（图 2-50），至今已取得不少成果[41-42]。共振柱实验适用于小应变范围内，以及频率高达几十赫的低应变条件下的冻土动力学参数测试。

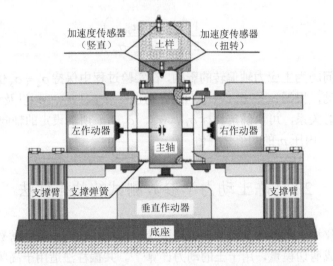

图 2-49　Stevens 所用冻土动力激振装置构成示意图[40]

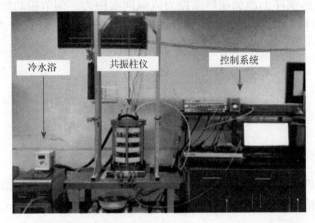

图 2-50　中国地震局工程力学研究所与 GDS 公司联合研制的低温共振柱仪[42]

## 2.6　冻土动力学参数测试的波速法

波速法利用声波仪测得横波及纵波波速，从而求得冻土的动弹性模量和动剪切模量，可以模拟地震波在土体中的传播过程，计算公式见式（2-19）、式（2-20）。

$$E_d = \frac{3\rho V_s^2 \left( V_1^2 - \frac{4}{3}V_s^2 \right)}{V_1^2 - V_s^2} \tag{2-19}$$

$$G_d = \rho V_s^2 \tag{2-20}$$

式中，$V_1$、$V_s$ 分别为纵波、横波波速，$\rho$ 为试样的质量密度。

冻土动力学的主要参数有动剪切模量 $G_d$、动弹性模量 $E_d$ 和阻尼比 $\eta$, 以及动强度 $C_d$、$\varphi_d$ 等。各种研究表明，影响冻土动弹性模量 $E_d$ 和动剪切模量 $G_d$ 的主要因素有温度、含水率、频率、围压、应变幅值等。

动阻尼比是衡量土体吸收动荷载能力的一个尺度。动阻尼比采用式（2-21）来计算：

$$\delta = \frac{\Delta W}{4\pi W}\tag{2-21}$$

其中，$\Delta W$ 是阻尼耗能，$W$ 为效能耗能。

依据现有研究，整体而言随着温度的升高，冻土中的未冻水含量增加，冰胶结能力减弱，使得冻土的动弹性模量减小；同时，温度升高时，相同条件下的动力荷载作用时，塑性变形增加，能量耗散率增加，进而使得冻土的阻尼比增加[43]。而冻土动力学参数明显地受温度和围压的影响，对于低温冻土（小于–1℃）而言，随着围压的增加，冻土的弹性模量将增加。而对高温冻土（大于–1℃），而言，动弹性模量随围压的增加先增加，而后减小；相同条件下随着围压的增加，冻土的阻尼比是增加的。随着动荷载加载频率的增加，冻土的动弹性模量增加。动应力幅值对冻土的动弹性模量和阻尼比的影响较小。随着冻土中砂含量的增加，冻土中的动回弹模量增大，阻尼比增加。

## 2.7　小　　结

本章介绍了常用动三轴仪及其工作原理，重点介绍了一种冻土动直剪仪的开发，包括动力系统、可控温直剪盒、作动器与工作台拼接设计及其测试实验。动力部分设计关系到整个实验系统的成败，是轴向力和振动能力能否达到实验目的的关键；精确控温也是非常重要的一环。设计的直剪盒控温 24h 以上可以达到目标温度，满足控温精度。最后，介绍了冻土空心扭剪实验的基本原理和方法，以及测量冻土动力学参数的共振柱法和波速法等。

### 参 考 文 献

[1]　徐学燕, 仲丛利, 陈亚明, 等. 冻土的动力特性研究及其参数确定[J]. 岩土工程学报. 1998, 20（5）: 77-81.

[2]　吴志坚, 王兰民, 马巍, 等. 地震荷载作用下冻土的动力学参数试验研究[J]. 西北地震学报, 2003, 25（3）: 210-214.

[3]　赵淑萍, 马巍, 郑剑峰, 等. 冻结粉土的动蠕变强度[C]//第七届全国 MTS 材料试验学术会议, 大连, 2007: 285-287, 292.

[4]　赵淑萍, 马巍, 焦贵德, 等. 长期动荷载作用下冻结粉土的变形和强度特征[J]. 冰川冻土, 2011, 33（1）: 144-151.

[5]　赵淑萍, 朱元林, 何平, 等. 冻土动力学研究的现状与进展[J]. 冰川冻土, 2002, 24（5）: 681-686.

[6] 张淑娟, 赖远明, 李双洋, 等. 冻土动强度特性试验研究[J]. 岩土工程学报, 2008, 30 (4): 595-599.

[7] 常小晓, 马巍, 赖远明, 等. MTS-810 振动三轴材料试验机的升级改造[J]. 冰川冻土, 2005, 27 (3): 465-468.

[8] 于基宁. 低温三轴试验机研制及粉质粘土冻融循环力学效应试验研究[D]. 武汉: 中国科学院武汉岩土力学研究所岩土工程, 2007.

[9] 汪仁和, 王秀喜, 崔灏. 冻土试验微机控制系统研究与应用[J]. 实验力学, 2005, 20 (2): 248-252.

[10] Yao X L, Qi J L, Yu F, et al. A versatile triaxial apparatus for frozen soils[J]. Cold Region Science and Technology, 2013, 92: 48-54.

[11] 关辉, 王大雁, 顾同欣, 等. 高压条件下土的冻融试验装置研制及应用[J]. 冰川冻土, 2014, 36(6): 1496-1501.

[12] 崔颖辉. 基于冻土动荷载直剪仪的高温冻土动力特性研究[D]. 北京: 北京交通大学, 2015.

[13] Lackner R, Amon A, Lagger H. Artificial ground freezing of fully saturated soil: Thermal problem[J]. Journal of Engineering Mechanics, 2005, 131 (2): 211-220.

[14] 王丹, 刘恩龙, 杨成松. 冻融循环作用下冻结掺石土料动力特性研究[J]. 冰川冻土, 2022, 44 (2): 524-534.

[15] Arenson L U, Springman S M. Triaxial constant stress and constant strain rate tests on ice-rich permafrost samples[J]. Canadian Geotechnical Journal, 2005, 42 (2): 412-430.

[16] 郭聚坤, 王瑞, 寇海磊, 等. 大型多功能结构物-土界面循环直剪仪的研制与应用[J]. 西安建筑科技大学学报 (自然科学版), 2021, 53 (5): 673-681.

[17] 席飞雁, 朱自强, 鲁光银, 等. 基于强度折减法的高速公路煤系地层路堑高边坡 FLAC$^{3D}$ 数值模拟分析[J]. 华北地质, 2021, 44 (4): 61-67.

[18] 冯忠帅. 新型土工动三轴试验仪的研制[D]. 大连: 大连理工大学, 2013.

[19] 李永波, 张鸿儒, 全克江. 冻土-桩动力相互作用模型试验系统研制[J]. 岩土工程学报, 2012, 34(4): 774-780.

[20] 张祺, 厚美瑛. 直剪颗粒体系的尺寸效应研究[J]. 物理学报, 2012, 61 (24): 244504.

[21] Vinson T S, Chaichanavong T, Li J I. Dynamic testing of frozen soils under simulated earthquake loading conditions[J]. Dynamic Geotechnical Testing, ASTM STP, 1978, 654: 196-227.

[22] Seed H B, Idriss I M. Simplified procedure for evaluation soil liquefaction potential[J]. Journal of Soil Mechanics and Foundations Division, ASCE, 1971, 97: 1249-1273.

[23] 吕鹏, 刘建坤, 崔颖辉. 冻土-混凝土接触面动剪强度研究[J]. 岩土力学, 2013, (z2): 180-183.

[24] Wichtmann T, Niemunis A, Triantafyllidis T. Strain accumulation in sand due to cyclic loading: Drained cyclic tests with triaxial extension[J]. Soil Dynamics and Earthquake Engineering, 2007, 27 (1): 42-48.

[25] Gu C, Wang J, Cai Y Q, et al. Deformation characteristics of overconsolidated clay sheared under constant and variable confining pressure[J]. Soils and Foundations, 2016, 56 (3): 427-439.

[26] 郭林. 复杂应力路径下饱和软粘土静动力特性试验研究[D]. 杭州: 浙江大学, 2013.

[27] 张斌龙, 王大雁, 马巍, 等. 主应力轴旋转条件下冻结黏土的动强度特性[J]. 冰川冻土, 2022, 44(2): 448-457.

[28] Zhao Y H, Lai Y M, Pei W S, et al. An anisotropic bounding surface elastoplastic constitutive model for frozen sulfate saline silty clay under cyclic loading[J]. International Journal of Plasticity, 2020, 129: 102668.

[29] Zhao Y H, Lai Y M, Zhang J, et al. A nonlinear strength criterion for frozen sulfate saline silty clay with different salt contents[J]. Advances in Maerials Science and Engineering, 2018, 2018: 1-8.

[30] 王军. 单、双向激振循环荷载作用下饱和软粘土动力特性研究[D]. 杭州: 浙江大学, 2007.

[31] Hu X Q, Zhang Y, Guo L, et al. Cyclic behavior of saturated soft clay under stress path with bidirectional shear stresses[J]. Soil Dynamics and Earthquake Engineering, 2018, 104: 319-328.

[32] Callisto L, Calabresi G. Mechanical behaviour of a natural soft clay[J]. Géotechnique, 1998, 48 (4): 495-513.

[33] Gu C, Ye X C, Cao Z G, et al. Resilient behavior of coarse granular materials in three dimensional anisotropic

stress state[J]. Engineering Geology，2020，279：105848.

[34]　黄博，丁浩，陈云敏，等. GDS 空心圆柱仪动力试验能力探讨[J]. 岩土力学，2010，31（1）：314-320.

[35]　赵宇. 不同动应力路径下粉土动力特性试验研究[D]. 杭州：浙江大学，2007.

[36]　沈扬，陶明安，王鑫，等. 交通荷载引发主应力轴旋转下软黏土变形与强度特性试验研究[J]. 岩土力学，2016，37（6）：1569-1578.

[37]　杨爱武，杨少坤，于月鹏. 考虑不同波形影响的主应力轴连续旋转下吹填土动力特性研究[J]. 工程地质学报，2021，29（1）：1-11.

[38]　郭妍，王大雁，马巍，等. 冻土空心圆柱仪的研发与应用[J]. 哈尔滨工业大学学报，2016，48（12）：114-120.

[39]　陈敦，马巍，赵淑萍，等. 冻土动力学研究的现状及展望[J]. 冰川冻土，2017，39（4）：868-883.

[40]　Stevens H W. The response of frozen soils to vibratory loads[R]. Hanover：U. S. Army Cold Regions Research and Engineering Laboratory，1975.

[41]　董全杨，蔡袁强，徐长节，等. 干砂饱和砂小应变剪切模量共振柱弯曲元对比试验研究[J]. 岩土工程学报，2013，35（12）2283-2289.

[42]　于啸波，孙锐，袁晓铭，等. 负温对土动剪切模量阻尼比的影响规律[J]. 岩石力学与工程学报，2016，35（7）：1452-1465.

[43]　王大雁，朱元林，赵淑萍，等. 超声波法测定冻土动弹性力学参数试验研究[J]. 岩土工程学报，2002，24（5）：612-615.

# 第3章 冻土动应力-动应变关系

土的动应力-动应变关系是土体动力分析时必不可少的基本土性关系，可以通过一定条件下的实验得到。对于较为普遍条件下的应力-应变关系，常需用某种本构模型来表示，模型中的参数需要通过要求条件下的实验确定。材料受荷载以后，其产生的应变可能是弹性、黏性、塑性的，或者是弹性、黏性、塑性某种组合的。因此将弹性、黏性、塑性的各种基本力学元件以及由它们组合而成的黏弹性、弹塑性、黏弹塑性等不同情况的应力-应变特性与土的实际应力-应变关系做出比较，据以选择能够较好适合于土材料特性的力学模型，是建立土动应力-动应变关系的一个有效途径。

## 3.1 冻土动应力-动应变模型

### 3.1.1 动应力-动应变关系的基本特征

图 3-1 为静力作用下三个基本力学元件（弹性元件、黏性元件和塑性元件）以及相应的静应力-静应变关系。

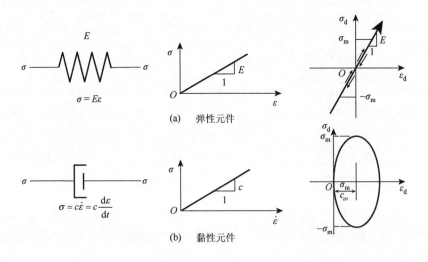

(a) 弹性元件

(b) 黏性元件

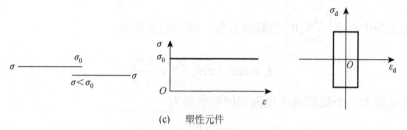

(c)　塑性元件

图 3-1　三个基本力学元件及其静应力-静应变关系图

如果上述每种力学元件上作用的 $\sigma$ 为往返应力 $\sigma_d$，即 $\sigma_d = \sigma_m \sin\omega t$，对于弹性元件，动应力-动应变关系为过坐标原点的一条倾斜的直线，直线的斜率取决于弹性元件的弹性模量 $E$，动应力-动应变曲线内的面积等于零；对于塑性元件，动应力-动应变关系为一个矩形，因为 $|\sigma_d| \leqslant \sigma_0$，且 $|\sigma_d| < \sigma_0$ 时，$\varepsilon_d = 0$，而 $|\sigma_d| \leqslant \sigma_0$ 时，$\varepsilon_d$ 不定，当荷载转向卸载或增载时，$\varepsilon_d$ 保持不变，动应力-动应变曲线内的面积等于 $4\sigma_0\varepsilon_d$；对于黏性元件，动应力-动应变关系为一个椭圆形，而且在一个动应力周期内的单位体积应变能正好等于动应力-动应变曲线所示椭圆的面积。因为式（3-1）：

$$\sigma_d = c\dot{\varepsilon}_d = c\frac{d\varepsilon_d}{dt} \tag{3-1}$$

故可得

$$\varepsilon_d = \frac{1}{c}\int \sigma_d dt + A = \frac{1}{c}\int \sigma_m \sin\omega t dt + A = -\frac{\sigma_d}{c\omega}\cos\omega t + A \tag{3-2}$$

当 $t = 0$ 时，$\varepsilon_d = 0$，故 $A = \dfrac{\sigma_d}{c\omega}$。由此得

$$\varepsilon_d = -\frac{\sigma_m}{c\omega}\cos\omega t + \frac{\sigma_m}{c\omega} \tag{3-3}$$

或改写为

$$-\cos\omega t = \frac{\varepsilon_d - \dfrac{\sigma_m}{c\omega}}{\dfrac{\sigma_m}{c\omega}} \tag{3-4}$$

又由动应力的表达式 $\sigma_d = \sigma_m \sin\omega t$ 可得式

$$\sin\omega t = \frac{\sigma_d}{\sigma_m} \tag{3-5}$$

将式（3-4）和式（3-5）平方相加，即得

$$\frac{\sigma_d^2}{\sigma_m^2} + \frac{\left(\varepsilon_d - \dfrac{\sigma_m}{c\omega}\right)^2}{\left(\dfrac{\sigma_m}{c\omega}\right)^2} = 1 \tag{3-6}$$

此式为中心点 $\left(\dfrac{\sigma_{\mathrm{m}}}{c\omega}, 0\right)$ 的椭圆方程，椭圆的面积为

$$A_0 = \pi ab = \pi\sigma_{\mathrm{m}}\frac{\sigma_{\mathrm{m}}}{c\omega} = \frac{\pi\sigma_{\mathrm{m}}^2}{c\omega} \tag{3-7}$$

且动应力一个周期内单位面积的应变能为

$$\delta W = \int_0^{\varepsilon_{\mathrm{d}}} \sigma_{\mathrm{d}} \mathrm{d}\varepsilon_{\mathrm{d}} \tag{3-8}$$

由式（3-3）得

$$\mathrm{d}\varepsilon_{\mathrm{d}} = \frac{\sigma_{\mathrm{m}}}{c}\sin\omega t \mathrm{d}t \tag{3-9}$$

且

$$\sigma_{\mathrm{d}} = \sigma_{\mathrm{m}}\sin\omega t \tag{3-10}$$

故有

$$\delta W = \int_0^T \sigma_{\mathrm{m}}\sin\omega t \times \frac{\sigma_{\mathrm{m}}}{c}\sin\omega t \mathrm{d}t = \int_0^T \frac{\sigma_{\mathrm{m}}^2}{c\omega}\sin\omega t \mathrm{d}(\omega t) = \frac{\sigma_{\mathrm{m}}^2}{c\omega}\left[\frac{1}{2}\omega t\right]\Big|_0^{\frac{2\pi}{\omega}} = \frac{\pi\sigma_{\mathrm{m}}^2}{c\omega} \tag{3-11}$$

比较式（3-11）和式（3-7）可见，在一个动应力周期内，黏性元件单位体积的应变能正好等于它动应力-动应变曲线所示椭圆的面积。

分析上述基本元件的基本组合，可以组成弹塑性模型、黏弹性模型、黏塑性模型等动应力-动应变关系，下面仅介绍前两种模型。

（1）弹塑性模型。如图 3-2 所示，理想弹塑性模型的动应力-动应变关系可以由上述弹性元件和塑性元件组合时的动应力-动应变关系组合为一个平行四边形。当 $|\sigma_{\mathrm{d}}| < \sigma_0$ 时，$\varepsilon_{\mathrm{d}} = \sigma_{\mathrm{d}}/E$；当 $|\sigma_{\mathrm{d}}| = \sigma_0$ 时，$\varepsilon_{\mathrm{d}}$ 为不确定值，直到 $\sigma_{\mathrm{d}}$ 转向时，再沿弹性关系变化。

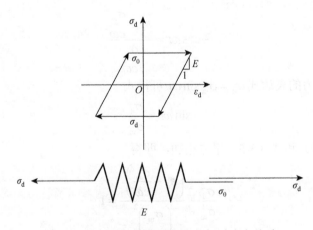

图 3-2　理想弹塑性模型的动应力-动应变关系

（2）黏弹性模型。黏弹性元件通常可分为滞后模型（文克勒体）和松弛模型（麦克斯韦体），如图 3-3 所示，根据土力学的需要，只分析滞后模型。

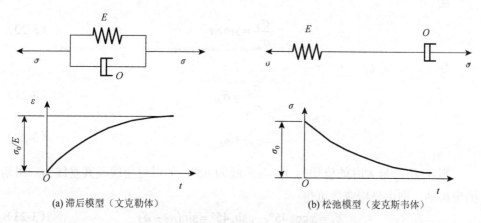

(a) 滞后模型（文克勒体）      (b) 松弛模型（麦克斯韦体）

图 3-3 黏弹性模型的动应力-动应变关系

此时，如用 $\sigma_{ed}$ 及 $\sigma_{cd}$ 分别表示动弹性应力和动黏性应力部分，则有

$$\sigma_{ed} = E\varepsilon_d \quad \sigma_{cd} = c\dot{\varepsilon}_d \tag{3-12}$$

故有

$$\sigma_d = E\varepsilon_d + c\dot{\varepsilon}_d \tag{3-13}$$

或

$$c\dot{\varepsilon}_d + E\varepsilon_d - \sigma_m \sin\omega t = 0 \tag{3-14}$$

此微分方程的解为

$$\begin{cases} \varepsilon_d = \dfrac{\sigma_m}{\sqrt{E^2 + (c\omega)^2}} \sin(\omega t - \delta) \\[3mm] \delta = \arctan\dfrac{c\omega}{E} \end{cases} \tag{3-15}$$

令

$$E_d = \sqrt{E^2 + (c\omega)^2} \tag{3-16}$$

$$\varepsilon_m = \frac{\sigma_m}{E_d} \tag{3-17}$$

则式（3-15）可改写为

$$\varepsilon_d = \frac{\sigma_m}{E_d} \sin(\omega t - \delta) = \varepsilon_m \sin(\omega t - \delta) \tag{3-18}$$

或改写为

$$\frac{\varepsilon_{\mathrm{d}}}{\varepsilon_{\mathrm{m}}} = \sin(\omega t - \delta)$$ （3-19）

且

$$\frac{\sigma_{\mathrm{d}}}{\sigma_{\mathrm{m}}} = \sin \omega t$$ （3-20）

令

$$\frac{\sigma_{\mathrm{d}}}{\sigma_{\mathrm{m}}} = \bar{\sigma}_{\mathrm{d}}$$ （3-21）

$$\frac{\varepsilon_{\mathrm{d}}}{\varepsilon_{\mathrm{m}}} = \bar{\varepsilon}_{\mathrm{d}}$$ （3-22）

则 $\bar{\sigma}_{\mathrm{d}}$ 及 $\bar{\varepsilon}_{\mathrm{d}}$ 最大时的值均为 1，对角线为 45°，如以对角线及其垂线为一组新的坐标轴，则由坐标变换可得

$$\bar{\varepsilon}_{\mathrm{d}} = x\cos 45° - y\sin 45° = \sin(\omega t - \delta)$$ （3-23）

$$\bar{\sigma}_{\mathrm{d}} = x\sin 45° + y\cos 45° = \sin \omega t$$ （3-24）

整理式（3-23）和式（3-24）可得

$$\frac{x^2}{1+\cos\delta} + \frac{y^2}{1-\cos\delta} = 1$$ （3-25）

式（3-25）表明，黏弹性模型的动应力-动应变关系是一个椭圆曲线。由于滞后效应，从式（3-15）还可以看出，$\sigma_{\mathrm{d}}$ 的最大值 $\sigma_{\mathrm{m}}$ 和 $\varepsilon_{\mathrm{d}}$ 的最大值 $\varepsilon_{\mathrm{m}}$ 有不同的相位，此时弹性元件的弹性模量 $E$ 略小于求得的动弹性模量 $E_{\mathrm{d}}$，这是由于阻尼的影响。当材料的黏滞系数 $c$ 不大时，相位差 $\delta$ 也不大。动应力最大值与动应变最大值出现的时刻很接近，此时，用 $\sigma_{\mathrm{m}}$ 和 $\varepsilon_{\mathrm{m}}$ 之比定义模量还是相当精确的，故一般常用这种方式来讨论模量值的变化。

实验表明土的动荷载作用下，土的动应力-动应变关系具有三个基本特点：非线性、滞后性和应变积累性。如果在土上施加周期作用的往复剪应力，则在作用的动剪应力较小时，可以得到如图 3-4 所示的曲线，即一个加载、卸载、再加载的周期内的动应力-动应变关系曲线是一个以坐标原点为中心、封闭且基本对称的滞回圈，称为滞回曲线；将不同动应力周期作用的最大剪应力 $\pm\tau_{\mathrm{m}}$ 和它引起的最大剪应变 $\pm\gamma_{\mathrm{m}}$，即各应力-应变滞回圈定点绘制而成，称为骨架曲线。动应力与动应变的非线性一般用骨架曲线来表现，动应力对动应变的滞后性一般用滞回曲线来表现。但是，在作用的动剪应力较大时，土中塑性变形的出现将会使上述的滞回曲线不再封闭或对称，滞回曲线的中心点逐渐向应变增大的方向移动，显示出应变逐渐积累的特性。这样，非线性、滞后性和应变积累性的结合就可以反映土动应力-动应变关系的基本特点，反映动应力和动应变变化的全过程。

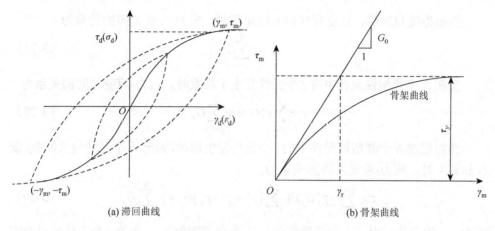

图 3-4 滞回曲线和骨架曲线

如前所述，当在动三轴实验中施加不同的轴向动应力 $\sigma_d$、测定相应的轴向动应变 $\varepsilon_d$ 时，可以根据各动应力作用的每一周期内各时刻的动应力和动应变，对各动应力作用的每一周期做出不同的滞回曲线；也可以根据不同动应力的幅值对应动应变的幅值做出一条骨架曲线。根据动三轴实验的轴向动应变 $\varepsilon_d$ 和轴向动应力 $\sigma_d$，可以得到动弹性模量 $E_d$，进而可以得到动剪切模量 $G_d$。或者，如果由轴向动应变 $\varepsilon_d$ 计算求得对应的动剪应变 $\gamma_d$，并由轴向动应力 $\sigma_d$ 计算求得对应的动剪应力 $\tau_d$，则也可以直接计算出弹性剪切模量 $G_d$。用式（3-26）进行这些计算：

$$\begin{cases} \gamma_d = \varepsilon_d(1+\mu) \\ \tau_d = \dfrac{1}{2}\sigma_d \\ G_d = \dfrac{\tau_d}{\gamma_d} = \dfrac{E_d}{2(1+\mu)} \end{cases} \tag{3-26}$$

因此，在下文中，可以认为 $\sigma_d$-$\varepsilon_d$ 关系和 $\tau_d$-$\varepsilon_d$ 关系具有相同的规律，已有大量的实验证明了这一点。

### 3.1.2 Iwan 模型

Iwan 模型[1]是用一系列具有不同屈服值的弹性元件（弹簧）和塑性元件（摩擦片）并联或串联组成的机械模型，根据它们的构成特点建立加载与卸载时的应力-应变关系，确定动模量，其中有关参数由实验测得的骨架曲线来确定。

Iwan 模型分为并联模型和串联模型两种。由 $N$ 个弹塑性元件构成的 Iwan 并联模型受荷时，所有弹塑性元件在全部受荷过程中的应变 $\gamma$ 始终相等，其应力视各自弹簧的刚度和摩擦片屈服水平的不同而不同。

当模型受到加载，且没有任何元件屈服时，应力-应变之间的关系为

$$\tau = \gamma \sum_{j=1}^{N} G_j \tag{3-27}$$

当在 $N$ 个弹塑性元件中有 $l$ 个元件发生了屈服时，应力-应变之间的关系为

$$\tau = \sum_{j=1}^{l} \gamma_j^y G_j + \gamma \sum_{j=i+1}^{N} G_j \tag{3-28}$$

当加载使 $N$ 个弹塑性元件中的 $l$ 个元件发生屈服，到第 $m$ 个元件号又卸载（或在加载）时，应力-应变之间的关系为

$$\tau = \sum_{j=1}^{l} (-\gamma_j^y G_j) + \sum_{j=l+1}^{m} [\gamma_j^y + \gamma - \gamma_m] G_j + \gamma \sum_{j=m+l}^{N} G_j \tag{3-29}$$

式中，$\tau$ 为元件应力；$\gamma$ 为元件应变；$G_j$ 为弹簧刚度；$\gamma_j^y$ 为第 $j$ 个元件的屈服应变，卸载时取 "+" 号，再加载时取 "−" 号；$m$ 为拐弯点屈服元件的编号；$\gamma_m$ 为拐弯点的应变。

而 Iwan 串联模型受到加载时，每个弹塑性元件所受的力是相同的，但它们的变形却不同。弹簧只有在对应的摩擦片屈服时才发生变形，并继续承担新的荷载。同样，在模型受到应变 $\gamma$ 时，对于加载的情况，应变 $\gamma$ 与应力 $\tau$ 之间的关系表达式可以写为

$$\tau = \frac{\gamma + \sum_{j=1}^{l} \dfrac{R_j}{G_j}}{\sum_{j=1}^{l} \dfrac{1}{G_j}} \tag{3-30}$$

对于加载至 $l$ 个元件号、又卸载至第 $m$ 个元件号（对应动应力为 $\tau_d$）及再加载的情况，应变 $\gamma$ 与应力 $\tau$ 之间的关系表达式可以写为

$$\tau = \frac{\gamma + \sum_{j=1}^{l} \left( -\dfrac{R_j}{G_j} \right) - \sum_{j=l+1}^{m} \dfrac{\tau_m - R_j}{G_j}}{\sum_{j=1}^{l} \dfrac{1}{G_j}} \tag{3-31}$$

式中，$R_j$ 为第 $j$ 个元件的屈服应力，它在卸载时取 "+" 号，再加载时取 "-" 号。

DENSOR98 程序就是利用 Iwan 模型来逼近土体的非线性特性的。但是 Iwan 模型所得应力-应变关系与实验所得骨架曲线相吻合的精度取决于模型中弹塑性或黏弹塑性单元的数量，单元数量越大精度越高，计算量就越大，因此，该模型不适用于解决复杂工程问题。

李小军和廖振鹏[2]提出一种修正 Iwan 模型，可以解决传统 Iwan 模型无法考虑应变幅值变化对阻尼比影响的问题，即黏-弹-塑性动应力-动应变关系模型。该

模型的应力-应变关系表示为式（3-32）：

$$\tau = \sum_{K=1}^{N} \left[ G_K \gamma_K + C_K(\gamma_K) |\dot{\gamma}|^P \sin(\dot{\gamma}) \right] \tag{3-32}$$

式中，$P$ 为模型黏性效应程度的控制参数；$G_K$ 为第 $K$ 个弹塑性单元中弹性元件的弹性模量；$C_K(\gamma_K)$ 为由实验确定的第 $K$ 个黏弹塑性单元的黏性系数。

### 3.1.3  Ramberg-Osgood 模型

Ramberg 和 Osgood[3]采用等效阻尼比和等效弹性模量来反映土的动应力-动应变关系的基本特征，并将土体视为黏弹性体，提出了基于非线性关系的三参数模型。Jennings[4]改进了 Ramberg-Osgood 模型。该模型应用方便，物理意义明确，得到了较为广泛的应用。其动应力-动应变关系式如式（3-33）所示：

$$\gamma = \frac{\tau}{G_{max}} 1 + \alpha \left| \frac{\tau}{\tau_{max}} \right|^{R-1} \tag{3-33}$$

式中，$\tau_{max}$ 和 $G_{max}$ 分别为最大剪应力和最大剪切模量，$\alpha$、$R$ 为拟合参数。

后来，Hall[5]又对 Ramberg-Osgood 模型进行了扩展，则有

$$\gamma = \frac{\tau}{G_{max}} 1 + \alpha \left| \frac{\tau}{C_1 \tau_{max}} \right|^{R-1} \tag{3-34}$$

式中，$C_1$ 取正实数。

当采用 Ranberg-Osgood 模型的骨架曲线时，根据 Masing 准则，其滞回圈的卸载段与再加载段可以写为

$$\frac{\gamma_d \pm \gamma_{dm}}{\gamma_r} = \frac{\tau_d \pm \tau_{dm}}{\tau_y} \left[ 1 + \alpha \left( \frac{\tau_d - \tau_{dm}}{2C_1 \tau_y} \right)^{R-1} \right] \tag{3-35}$$

在以上各式中，正号和负号按再加载和卸载分别取用。

栾茂田[6]提出了半解析半离散方法构造滞回曲线，扩展 Ramberg-Osgood 模型中的常参数 $R$ 和 $\alpha / C_1^{R-1}$ 为变参数，同时拟合大应变范围下的 $G_s$-$\gamma$ 和 $\lambda_{cq}$-$\gamma$ 实验结果。而李小军和廖振鹏[7]根据"动态骨架曲线"概念对 Ramberg-Osgood 模型进行了阻尼比退化系数模型的推导，其表达式见式（3-36）、式（3-37）：

$$K(\tau_0) = \frac{\pi(R+1) \left[ 1 + \alpha \left( \dfrac{\tau_0}{\tau_{ult}} \right)^{R-1} \right] \lambda_T(\gamma_0)}{2(R-1)\alpha(\tau_0 / \tau_{ult})^{R-1}} \tag{3-36}$$

$$\gamma(\tau) = \begin{cases} \gamma_C + K(\tau_0)\left[\dfrac{\tau - \tau_c}{G_{\max}}\left(1 + \alpha\left|\dfrac{\tau - \tau_c}{2\tau_{\mathrm{ult}}}\right|^{R-1}\right) - \dfrac{\pm\gamma_M - \gamma_c}{\pm\tau_M - \tau_c}(\tau - \tau_c)\right] \\ + \dfrac{\pm\gamma_M - \gamma_c}{\pm\tau_M - \tau_c}(\tau - \tau_c), \ |\tau| < \tau_M \\ \dfrac{\tau}{G_{\max}}\left(1 + \alpha\left|\dfrac{\tau}{\tau_{\mathrm{ult}}}\right|^{R-1}\right), \ |\tau| > \tau_M \end{cases} \tag{3-37}$$

式中，$\alpha$ 和 $K(\tau_0)$ 为动态参数。

### 3.1.4　Davidenkov 模型

Davidenkov 模型是 Martin 和 Seed 为了更好地拟合各类土中的动剪切模量比 $G / G_{\mathrm{dmax}}$-$\gamma$ 曲线的实验结果，提出的三参数拟合模型，其应力-应变关系式为

$$\tau(\gamma) = G\gamma = G_{\mathrm{dmax}}\gamma[1 - H(\gamma)] \tag{3-38}$$

$$H(\gamma) = \left[\frac{\left(\dfrac{\gamma_{\mathrm{d}}}{\gamma_0}\right)^{2B}}{1 + \left(\dfrac{\gamma_{\mathrm{d}}}{\gamma_0}\right)^{2B}}\right]^{A} \tag{3-39}$$

式中，$A$、$B$、$\gamma_0$ 为土性的实验参数。

Davidenkov 模型的表达式有三个实验参数（$A$、$B$、$\gamma_0$），所以能够适应更多种土实验资料的拟合，与 Ramberg-Osgood 模型的表达式相比，虽然均为 3 个实验参数，但它的应用更加方便。Kagawa[8]利用该模型以 Seed- Idriss 砂土为研究对象，拟合 $G_{\mathrm{d}}$-$\gamma$ 和 $\lambda$-$\gamma$ 实验曲线，得到的结果较其他模型更加接近实验结果。但该模型也有无法解决的缺陷：剪应力随着剪应变幅值的增加也将无穷增长，这并不符合实际的实验结果。

如前所述，Davidenkov 模型的剪应力随着剪应变幅值的无限增加也将无穷增长。为了纠正 Davidenkov 模型的缺陷，陈国兴和庄海洋[9]对其骨架曲线采用分段函数法进行修正，分界点采用限剪应变幅值，从而避免原 Davidenkov 模型的缺点，并推导了相应的计算公式。修正 Davidenkov 模型的骨架曲线如式（3-40）、式（3-41）所示：

$$\tau(\gamma) = \begin{cases} G_{\max}\gamma[1 - H(\gamma)], & \gamma_c \leqslant \gamma_{\mathrm{ult}} \\ G_{\max}\gamma_{\mathrm{ult}}[1 - H(\gamma_{\mathrm{ult}})], & \gamma_c > \gamma_{\mathrm{ult}} \end{cases} \tag{3-40}$$

$$\tau_{\mathrm{ult}} = G_{\max}\gamma_{\mathrm{ult}}[1 - H(\gamma_{\mathrm{ult}})] \tag{3-41}$$

### 3.1.5　Hardin-Drnevich 模型

Hardin-Drnevich 模型是土体动力分析中应用较为广泛的一个模型，具有一定的普遍性，Hardin 和 Drnevich 等通过实验发现，土的动应力-动应变曲线的形态接近双曲线，然而并不去寻求具体的双曲线表达式，而是通过剪切模量随剪应变幅值的变化关系 $G_d = G_d(\gamma_m)$ 来反映骨架曲线的特征。对于滞回曲线，也不寻求其具体数学表达式，而是利用滞回曲线计算阻尼比，得到阻尼比随剪应力幅值的变化关系 $\lambda = \lambda(\gamma_m)$，来反映不同剪应变幅值下的滞回曲线特性。也就是说，这种方法首先将土体视为黏弹性体，在此基础上，以 $G_d$ 和 $\lambda$ 作为它的动力特性指标引入实际计算，体现土体的非线性和滞后性。

剪应力幅和剪应变幅之间的关系，即骨架曲线[10]，可以用双曲线关系式表示，如式（3-42）：

$$\tau = f(\gamma) = \frac{\gamma}{\dfrac{1}{G_{max}} + \dfrac{\gamma}{\tau_{max}}} = \frac{G_{max}\gamma}{1 + \dfrac{\gamma}{\gamma_r}} \tag{3-42}$$

式中，$\gamma_r$ 为参考剪应变，定义为 $\gamma_r = \tau_{max}/G_{max}$；$\tau_{max}$ 为剪应力极限强度；$G_{max}$ 为初始剪切模量。土的骨架曲线如图 3-5 所示。

Hardin-Drnevich 模型是工程上常用的骨架曲线。在动荷载过程中，Hardin-Drnevich 模型始终满足应力值不超过极限强度这一特征，其滞回曲线关系为

$$\tau - \tau_c = \frac{G_{max}(\gamma - \gamma_c)}{1 + \dfrac{|\gamma - \gamma_c|}{2\gamma_r}} \tag{3-43}$$

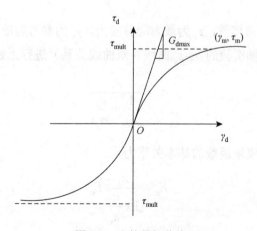

图 3-5　土的骨架曲线

Hardin-Drnevich 等效线性模型（等效黏弹性线性模型）采用等效的模量 $E$ 或 $G$ 和等效的阻尼比 $\lambda$ 两个参数来反映土动应力-动应变关系的基本特征，即非线性和滞后性，并且将模量与阻尼比均表示为动应幅的函数，即 $G_d = G(\gamma_d)$ 和 $\lambda = \lambda(\varepsilon_d)$，分别称为动模量函数和阻尼比函数。采用这种模型分析具体问题时，一般可先根据预估的应变幅值大小假定 $G$、$\lambda$ 值，据此求出土层的平均剪应变，然后根据上述关于模量与阻尼比同动应变幅值的函数关系，由得到的平均剪应变计算相应的 $G$、$\lambda$ 值，与开始时假定的 $G$、$\lambda$ 值对比，作出调整，反复迭代，直到协调为止。

**1. 动模量函数的确定**

采用 Hardin-Drnevich 模型描述往复荷载作用下动应力-动应变间骨架曲线的双曲线形式作为基础，则有

$$\tau_d = \frac{\gamma_d}{\dfrac{1}{G_0} + \dfrac{\gamma_d}{\tau_y}} \tag{3-44}$$

故可得动剪切模量函数的基本关系式为

$$G_d = \frac{1}{1 + \dfrac{\gamma_d}{\gamma_r}} G_0 \tag{3-45}$$

或改写为

$$\frac{G_d}{G_0} = \frac{1}{1 + \dfrac{\gamma_d}{\gamma_r}} \tag{3-46}$$

式中，$G_0$ 为初始剪切模量，$\tau_y$ 为最大动剪应力，$\gamma_r$ 为参考剪应变，即 $\gamma_r = \tau_y / G_0$。

如果采用动三轴实验的 $\sigma_d$-$\varepsilon_d$ 曲线（双曲线关系）进行上述分析，则有

$$\sigma_d = \frac{\varepsilon_d}{\dfrac{1}{E_0} + \dfrac{\varepsilon_d}{\sigma_y}} \tag{3-47}$$

故可得动压缩模量函数的基本关系为

$$E_d = \frac{\varepsilon_d}{1 + \dfrac{\varepsilon_d}{\varepsilon_r}} E_0 \tag{3-48}$$

或写成

$$\frac{E_d}{E_0} = \frac{1}{1 + \dfrac{\varepsilon_d}{\varepsilon_r}} \tag{3-49}$$

这样，式（3-45）是由初始剪切模量 $G_0$ 和参考应变 $\gamma_r$（或最大剪切应变 $\tau_y$）求取不同动剪应变 $\gamma_d$ 下动剪切模量 $G_d$ 的基本关系式；式（3-48）是由初始压缩模量 $E_0$ 和参考应变 $\varepsilon_r$ 或最大动应力 $\sigma_y$ 求取不同动压缩模量 $E_d$ 的基本关系式。

### 2. 阻尼比函数的确定

在研究阻尼比 $\lambda$ 与动应变的关系时，一般来讲，阻尼比会随平均有效主应力、孔隙比、固结时间、土的结构联结、塑性指数等的增大而降低，随振动次数、应变的增加而增加，超固结比、应变率和振动次数的影响不大。

阻尼比 $\lambda$ 为实际的阻尼系数 $c$ 与临界阻尼系数 $c_{cr}$ 之比，它与对数减幅系数 $\delta$ 及能量损失数 $\psi$ 之间的关系为

$$\lambda = \frac{c}{c_{cr}} = \frac{c}{2m\omega} = \frac{1}{4\pi}\psi = \frac{1}{2\pi}\delta \tag{3-50}$$

能量损失数为

$$\psi = \frac{\Delta W}{W} \tag{3-51}$$

式中，$\Delta W$ 为一个周期内损耗的能量，$W$ 为作用的总能量。

由此可见，为了求得土的阻尼比 $\lambda$ 与动应变的关系，需要确定各个周期内作用的总能量 $W$ 及损耗的能量 $\Delta W$。对土黏弹性体而言，由于一个周期内弹性力的能量损耗等于零，故能量的损耗应等于阻尼力所做的功，即为

$$\Delta W = \int_0^{\varepsilon_d} c\dot\varepsilon d\varepsilon = \int_0^T c\dot\varepsilon \frac{d\varepsilon}{dt} dt = \int_a^T c\dot\varepsilon^2 dt \tag{3-52}$$

再由

$$\varepsilon - \varepsilon_d \sin(\omega t - \delta) \tag{3-53}$$

得

$$\dot\varepsilon = \varepsilon_d \sin(\omega t - \delta) \tag{3-54}$$

将式（3-54）代入式（3-52），得

$$\Delta W = \int_0^T c\omega^2 \varepsilon_d^2 \cos^2(\omega t - \delta)\mathrm{d}t = c\omega\varepsilon_d^2 \int_0^T \cos^2(\omega t - \delta)\mathrm{d}(\omega t)$$

$$= c\omega\varepsilon_d^2 \int_0^T \left[\frac{1 + \cos 2(\omega t - \delta)}{2}\right]\mathrm{d}(\omega t)$$

$$= \frac{1}{2}c\omega\varepsilon_d^2 \left[\omega t\right]_0^{\frac{2\pi}{\omega}} + \frac{1}{2}c\omega\varepsilon_d^2 \times \frac{1}{2}\left[\sin 2(\omega t - \delta)\right]_0^{\frac{2\pi}{\omega}} \qquad (3\text{-}55)$$

$$= \frac{1}{2}c\omega\varepsilon_d^2 \frac{2\pi}{\omega} - \frac{1}{4}c\omega\varepsilon_d^2 \left[\sin 2\omega t \cos 2\delta - \cos 2\omega t \sin 2\delta\right]_0^{\frac{2\pi}{\omega}}$$

$$= \pi c\omega\varepsilon_d^2$$

即有

$$\Delta W = \pi c\omega\varepsilon_d^2 \qquad (3\text{-}56)$$

可以证明，式（3-56）表示的黏弹性体在一个周期内的能量损耗 $\Delta W$，可以近似地等于由滞回曲线所围定的面积 $A_0$，即

$$\Delta W = A_0 = \pi c\omega\varepsilon_d^2 \qquad (3\text{-}57)$$

又因一个周期内动荷载所储存的总能量为

$$W = \frac{1}{2}\sigma_d\varepsilon_d \qquad (3\text{-}58)$$

即等于由原点到最大振幅点 $(\varepsilon_d, \sigma_d)$ 连线下的三角形面积 $A_T$，如图 3-6 所示，故式（3-58）可以表示为

$$\lambda = \frac{1}{4\pi}\frac{A_0}{A_T} = \frac{1}{4\pi} \times \frac{\text{滞回圈的面积}}{\text{三角形}OGA'\text{的面积}} \qquad (3\text{-}59)$$

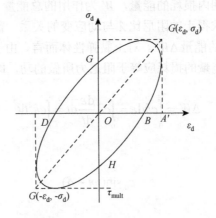

图 3-6　滞回圈与阻尼比

式（3-59）即为动三轴实验中确定阻尼比的基本关系式。当利用它求出任一周（对应于不同的动应变 $\varepsilon_d$）的阻尼比 $\lambda$，作出阻尼比 $\lambda$ 与动应变 $\varepsilon_d$ 间的曲线（$\lambda$-$\varepsilon_d$ 曲线）后对曲线进行拟合，即得阻尼比函数 $\lambda = \lambda(\gamma_d)$ 的表达式。

在有外力作用的稳态振动过程中，外力所做的功补足了应变能的损耗，土的应变能保持不变，故土的阻尼特性并没有因此而改变。但由以上的介绍，利用式（3-59）计算阻尼比时，滞回圈应该近似于一个椭圆曲线。如果实测的滞回圈与此条件相差太大，则式（3-59）可能会带来较大的误差。此时可对测得的滞回圈做适当的简化处理，使其尽量接近椭圆曲线形态后再进行计算。

Hardin 等[11]在根据实验资料对应力-应变滞回曲线几何特征（图 3-7）进行对比的分析中发现，卸载曲线的起始坡度总是等于或接近阴影面积与 $\Delta abc$ 面积之比，可假定其等于一个常数 $\alpha$，据此导出

$$\alpha = \frac{\frac{1}{2} \times 4\pi\lambda A_T}{\Delta abc} = \frac{\frac{1}{2} 4\pi\lambda \times \frac{1}{2}\tau_d\gamma_d}{\frac{1}{2} \times 2\gamma_d \times 2\tau_d - \frac{1}{2} \times \frac{2\tau_d}{G_0} \times 2G_d\gamma_d} \tag{3-60}$$

整理后可得

$$\alpha = \frac{\pi G_0 \lambda}{2(G_0 - G_d)} \tag{3-61}$$

故有

$$\lambda = \frac{2a}{\pi}\left(1 - \frac{G_d}{G_0}\right) \tag{3-62}$$

当 $\gamma \to \infty$ 时，$G_0 \to 0$，$\lambda \to \lambda_{max}$，将其代入式（3-62），可得 $\frac{2a}{\pi} = \lambda_{max}$，故有

$$\lambda = \lambda_{max}\left(1 - \frac{G_d}{G_0}\right) \tag{3-63}$$

有时，为了使式（3-63）有更好的适用性，在括号外引用一个指数 $n$，写为

$$\lambda = \lambda_{max}\left(1 - \frac{G_d}{G_0}\right)^n \tag{3-64}$$

引入式（3-64）的关系，可得阻尼比函数为

$$\lambda = \lambda_{max}\frac{\frac{\gamma_d}{\gamma_r}}{1 + \frac{\gamma_d}{\gamma_r}} \tag{3-65}$$

或

$$\lambda = \lambda_{\max} \left( \frac{\dfrac{\gamma_d}{\gamma_r}}{1 + \dfrac{\gamma_d}{\gamma_r}} \right)^n \tag{3-66}$$

式中，$\lambda_{\max}$、$n$ 为阻尼比函数的参数，应根据实验确定。

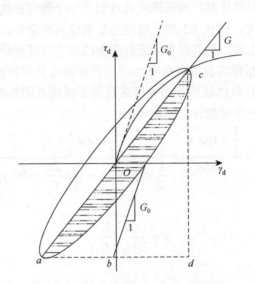

图 3-7　应力-应变滞回曲线的几何特征

# 3.2 动应力-动应变曲线及其影响因素

针对冻土在动力荷载作用下的应力-应变曲线特征，这里将以最为典型的动三轴和动直剪实验为主，结合最新的实验数据进行介绍，并介绍了温度、围压、含水率、振动次数、频率对动应力-动应变的影响。

## 3.2.1　基于动三轴实验的应力-应变曲线

崔颖辉[12]通过北京交通大学冻土工程实验室的大型冻土动三轴仪，进行了大量和全面的动力测试，总结了粉质黏土在不同实验条件下的应力-应变曲线特点，并用 Michaelis-Menten 函数对其骨架曲线进行了拟合。

在 0℃温度条件下，采用 Michaelis-Menten 函数，在不同振动次数（10 次、20 次、30 次）、不同围压（100kPa、200kPa、300kPa）试样的骨架曲线，并使用 Michaelis-Menten 函数进行拟合，拟合结果见图 3-8～图 3-10，拟合参数见表 3-1。

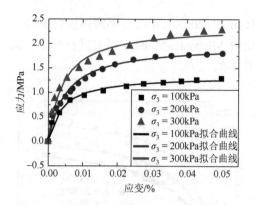

图 3-8　0℃、单级振动 10 次拟合曲线
（动三轴实验）

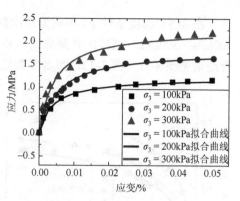

图 3-9　0℃、单级振动 20 次拟合曲线
（动三轴实验）

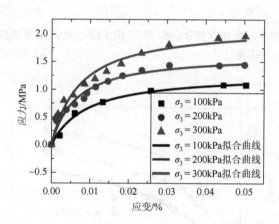

图 3-10　0℃、单级振动 30 次拟合曲线（动三轴实验）

**表 3-1　0℃下土样动力学参数拟合表（动三轴实验）**

| 振动次数/次 | 围压/kPa | $a$ | $b$ | $E_{dmax}$ | $\lambda_{dmax}$ | $\varepsilon_{dr}$ | $R^2$ |
|---|---|---|---|---|---|---|---|
| | 100 | 0.002 15 | 0.733 10 | 465.530 51 | 0.436 19 | 0.002 93 | 0.993 33 |
| 10 | 200 | 0.001 58 | 0.553 62 | 632.052 03 | 0.416 41 | 0.002 86 | 0.987 40 |
| | 300 | 0.001 16 | 0.417 78 | 863.480 67 | 0.401 79 | 0.002 77 | 0.978 39 |
| | 100 | 0.002 22 | 0.811 75 | 449.979 85 | 0.447 80 | 0.002 74 | 0.984 61 |
| 20 | 200 | 0.001 55 | 0.581 59 | 645.328 91 | 0.430 44 | 0.002 66 | 0.987 40 |
| | 300 | 0.001 15 | 0.443 69 | 871.557 47 | 0.409 29 | 0.002 59 | 0.978 39 |
| | 100 | 0.002 23 | 0.856 41 | 448.585 12 | 0.454 10 | 0.002 60 | 0.962 77 |
| 30 | 200 | 0.001 56 | 0.612 38 | 641.269 04 | 0.436 68 | 0.002 55 | 0.978 52 |
| | 300 | 0.001 13 | 0.455 81 | 884.975 49 | 0.414 14 | 0.002 48 | 0.986 88 |

在-0.5℃温度条件下，不同振动次数（10 次、20 次、30 次）、不同围压（100kPa、200kPa、300kPa）试样的骨架曲线，并使用 Michaelis-Menten 函数进行拟合，拟合结果见图 3-11～图 3-13，拟合参数见表 3-2。

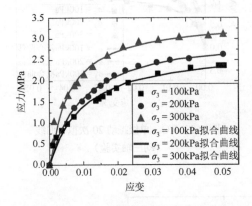

图 3-11　-0.5℃、单级振动 10 次拟合曲线
（动三轴实验）

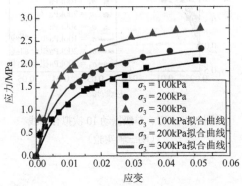

图 3-12　-0.5℃、单级振动 20 次拟合曲线
（动三轴实验）

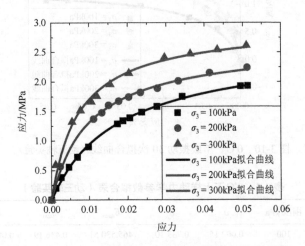

图 3-13　-0.5℃、单级振动 30 次拟合曲线（动三轴实验）

表 3-2　-0.5℃下土样动力学参数拟合表（动三轴实验）

| 振动次数/次 | 围压/kPa | $a$ | $b$ | $E_{dmax}$ | $\lambda_{dmax}$ | $\varepsilon_{dr}$ | $R^2$ |
|---|---|---|---|---|---|---|---|
| | 100 | 0.001 31 | 0.401 72 | 726.690 73 | 0.391 11 | 0.003 27 | 0.989 72 |
| 10 | 200 | 0.001 12 | 0.359 37 | 867.157 31 | 0.387 38 | 0.003 11 | 0.990 10 |
| | 300 | 9.18E-04 | 0.304 27 | 1 018.751 46 | 0.378 98 | 0.003 02 | 0.946 88 |

续表

| 振动次数/次 | 围压/kPa | $a$ | $b$ | $E_{dmax}$ | $\lambda_{dmax}$ | $\varepsilon_{dr}$ | $R^2$ |
|---|---|---|---|---|---|---|---|
|  | 100 | 0.001 39 | 0.454 75 | 697.966 06 | 0.398 03 | 0.003 06 | 0.992 35 |
| 20 | 200 | 0.001 17 | 0.400 63 | 843.266 65 | 0.388 81 | 0.002 93 | 0.969 40 |
|  | 300 | 9.53E-04 | 0.337 83 | 1 049.390 65 | 0.386 19 | 0.002 82 | 0.946 96 |
|  | 100 | 0.001 43 | 0.491 05 | 697.929 98 | 0.406 35 | 0.002 92 | 0.978 43 |
| 30 | 200 | 0.001 19 | 0.424 08 | 842.285 26 | 0.391 92 | 0.002 80 | 0.948 92 |
|  | 300 | 9.79E-04 | 0.364 89 | 1 021.682 58 | 0.385 28 | 0.002 68 | 0.955 51 |

在–1.0℃温度条件下,不同振动次数(10 次、20 次、30 次)、不同围压(100kPa、200kPa、300kPa)试样的骨架曲线,并使用 Michaelis-Menten 函数进行拟合,拟合结果见图 3-14~图 3-16,拟合参数见表 3-3。

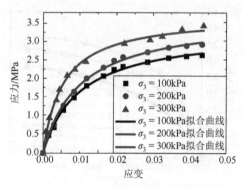

图 3-14 –1.0℃、单级振动 10 次拟合曲线（动三轴实验）

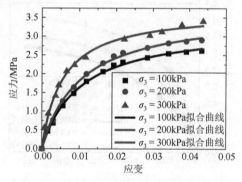

图 3-15 –1.0℃、单级振动 20 次拟合曲线（动三轴实验）

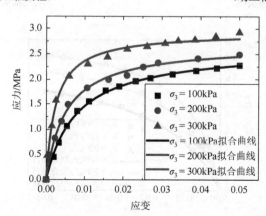

图 3-16 –1.0℃、单级振动 30 次拟合曲线（动三轴实验）

表 3-3　　–1.0℃下土样动力学参数拟合表（动三轴实验）

| 振动次数/次 | 围压/kPa | $a$ | $b$ | $E_{dmax}$ | $\lambda_{dmax}$ | $\varepsilon_{dr}$ | $R^2$ |
|---|---|---|---|---|---|---|---|
| 10 | 100 | 0.001 27 | 0.354 66 | 795.735 65 | 0.381 93 | 0.003 59 | 0.993 52 |
| | 200 | 0.001 09 | 0.318 48 | 919.983 89 | 0.374 12 | 0.003 41 | 0.998 54 |
| | 300 | 8.94E-04 | 0.274 99 | 1 118.612 03 | 0.367 68 | 0.003 25 | 0.994 87 |
| 20 | 100 | 0.001 34 | 0.398 70 | 769.624 84 | 0.387 95 | 0.003 36 | 0.999 52 |
| | 200 | 0.001 13 | 0.353 74 | 892.618 63 | 0.376 13 | 0.003 19 | 0.996 93 |
| | 300 | 9.08E-04 | 0.297 76 | 1 100.792 39 | 0.371 71 | 0.003 05 | 0.985 80 |
| 30 | 100 | 0.001 34 | 0.415 99 | 753.665 47 | 0.392 39 | 0.003 22 | 0.998 93 |
| | 200 | 0.001 17 | 0.381 16 | 908.112 70 | 0.376 98 | 0.003 06 | 0.997 50 |
| | 300 | 9.48E-04 | 0.324 71 | 1 086.383 01 | 0.374 65 | 0.002 92 | 0.989 06 |

　　在–1.5℃温度条件下，不同振动次数（10 次、20 次、30 次）、不同围压（100kPa、200kPa、300kPa）试样的骨架曲线，并使用 Michaelis-Menten 函数进行拟合，拟合结果见图 3-17～图 3-19，拟合参数见表 3-4。

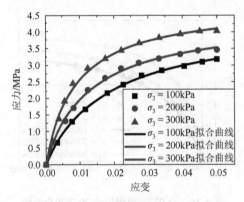

图 3-17　–1.5℃、单级振动 10 次拟合曲线
（动三轴实验）

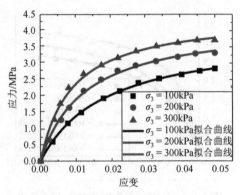

图 3-18　–1.5℃、单级振动 20 次拟合曲线
（动三轴实验）

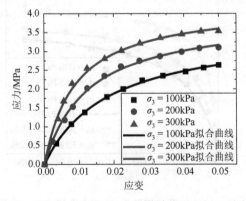

图 3-19　–1.5℃、单级振动 30 次拟合曲线（动三轴实验）

表 3-4　-1.5℃下土样动力学参数拟合表（动三轴实验）

| 振动次数/次 | 围压/kPa | $a$ | $b$ | $E_{dmax}$ | $\lambda_{dmax}$ | $\varepsilon_{dr}$ | $R^2$ |
|---|---|---|---|---|---|---|---|
| | 100 | 0.001 21 | 0.331 06 | 824.023 65 | 0.362 89 | 0.003 67 | 0.993 52 |
| 10 | 200 | 0.001 08 | 0.304 71 | 929.942 23 | 0.360 34 | 0.003 53 | 0.998 54 |
| | 300 | 8.76E-04 | 0.261 40 | 1 141.351 40 | 0.353 97 | 0.003 35 | 0.994 87 |
| | 100 | 0.001 27 | 0.371 21 | 785.747 29 | 0.366 93 | 0.003 43 | 0.999 52 |
| 20 | 200 | 0.001 08 | 0.327 84 | 923.936 73 | 0.367 79 | 0.003 30 | 0.996 93 |
| | 300 | 8.93E-04 | 0.284 02 | 1 119.533 59 | 0.358 32 | 0.003 14 | 0.985 80 |
| | 100 | 0.001 31 | 0.399 96 | 764.015 63 | 0.370 57 | 0.003 27 | 0.998 93 |
| 30 | 200 | 0.001 07 | 0.339 59 | 936.711 44 | 0.365 97 | 0.003 14 | 0.997 50 |
| | 300 | 8.91E-04 | 0.297 97 | 1 121.970 57 | 0.358 68 | 0.002 99 | 0.989 06 |

### 3.2.2　基于动直剪实验的应力-应变曲线

在 0℃温度条件下，不同振动次数（10 次、20 次、30 次）、不同围压（50kPa、100kPa、200kPa）试样的动剪应力-动剪应变曲线，并使用 Michaelis-Menten 函数进行拟合，拟合结果见图 3-20～图 3-22，拟合参数见表 3-5。

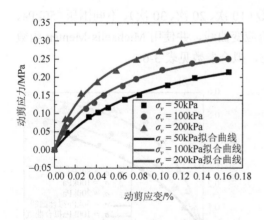

图 3-20　0℃、单级振动 10 次拟合曲线
（动直剪实验）

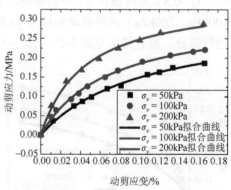

图 3-21　0℃、单级振动 20 次拟合曲线
（动直剪实验）

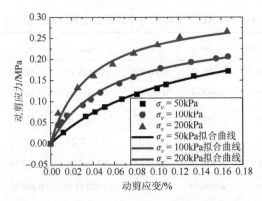

图 3-22 0℃、单级振动 30 次拟合曲线（动直剪实验）

表 3-5 0℃下土样动力学参数拟合表（动直剪实验）

| 振动次数/次 | 围压/kPa | $a$ | $b$ | $G_{dmax}$ | $\lambda_{dmax}$ | $\gamma_{dr}$ | $R^2$ |
|---|---|---|---|---|---|---|---|
| | 50 | 0.254 98 | 0.001 76 | 144.566 52 | 0.413 97 | 0.001 76 | 0.993 33 |
| 10 | 100 | 0.293 01 | 0.001 70 | 172.449 89 | 0.397 66 | 0.001 70 | 0.987 40 |
| | 200 | 0.363 18 | 0.001 54 | 235.502 35 | 0.385 29 | 0.001 54 | 0.978 39 |
| | 50 | 0.218 08 | 0.001 58 | 137.918 74 | 0.424 12 | 0.001 58 | 0.993 33 |
| 20 | 100 | 0.257 84 | 0.001 52 | 169.264 30 | 0.409 62 | 0.001 52 | 0.987 40 |
| | 200 | 0.329 73 | 0.001 43 | 231.079 75 | 0.391 25 | 0.001 39 | 0.978 39 |
| | 50 | 0.202 49 | 0.001 48 | 136.871 11 | 0.428 01 | 0.001 48 | 0.962 77 |
| 30 | 100 | 0.238 25 | 0.001 43 | 166.797 08 | 0.413 80 | 0.001 43 | 0.978 52 |
| | 200 | 0.316 90 | 0.001 39 | 227.716 44 | 0.395 44 | 0.001 32 | 0.986 88 |

在-0.5℃温度条件下，不同振动次数（10次、20次、30次）、不同围压（50kPa、100kPa、200kPa）试样的动剪应力-动剪应变曲线，并使用 Michaelis-Menten 函数进行拟合，拟合结果见图 3-23～图 3-25，拟合参数见表 3-6。

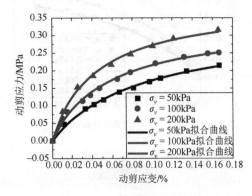

图 3-23 -0.5℃、单级振动 10 次拟合曲线
（动直剪实验）

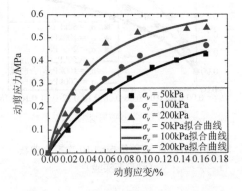

图 3-24 -0.5℃、单级振动 20 次拟合曲线
（动直剪实验）

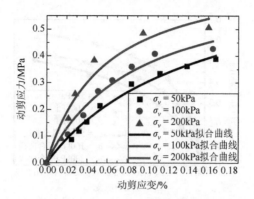

图 3-25　−0.5℃、单级振动 30 次拟合曲线（动直剪实验）

**表 3-6　−0.5℃下土样动力学参数拟合表（动直剪实验）**

| 振动次数/次 | 围压/kPa | $a$ | $b$ | $G_{dmax}$ | $\lambda_{dmax}$ | $\gamma_{dr}$ | $R^2$ |
|---|---|---|---|---|---|---|---|
| | 50 | 0.546 45 | 0.002 38 | 229.175 34 | 0.372 51 | 0.002 38 | 0.989 72 |
| 10 | 100 | 0.612 79 | 0.002 31 | 265.189 61 | 0.368 29 | 0.002 15 | 0.990 10 |
| | 200 | 0.703 69 | 0.002 15 | 327.001 91 | 0.361 44 | 0.001 95 | 0.946 88 |
| | 50 | 0.492 14 | 0.002 17 | 226.915 71 | 0.381 99 | 0.002 31 | 0.992 35 |
| 20 | 100 | 0.542 94 | 0.002 09 | 259.159 70 | 0.371 50 | 0.002 09 | 0.969 40 |
| | 200 | 0.626 66 | 0.002 01 | 311.216 40 | 0.367 51 | 0.001 90 | 0.946 96 |
| | 50 | 0.445 01 | 0.001 98 | 224.708 33 | 0.387 02 | 0.002 15 | 0.978 43 |
| 30 | 100 | 0.490 87 | 0.001 90 | 258.217 17 | 0.372 50 | 0.002 01 | 0.948 92 |
| | 200 | 0.585 38 | 0.001 91 | 306.256 99 | 0.369 51 | 0.001 80 | 0.955 51 |

在到温度−1.0℃下，不同振动次数（10 次、20 次、30 次）、不同围压（50kPa、100kPa、200kPa）试样的动剪应力-动剪应变曲线，并使用 Michaelis-Menten 函数进行拟合，拟合结果见图 3-26～图 3-28，拟合参数见表 3-7。

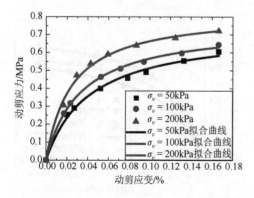

图 3-26　−1.0℃、单级振动 10 次拟合曲线
（动直剪实验）

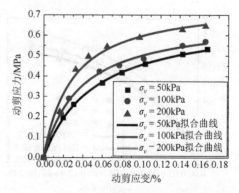

图 3-27　−1.0℃、单级振动 20 次拟合曲线
（动直剪实验）

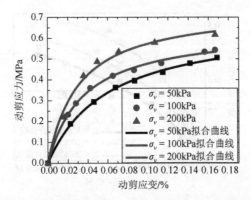

图 3-28　–1.0℃、单级振动 30 次拟合曲线（动直剪实验）

**表 3-7　–1.0℃下土样动力学参数拟合表（动直剪实验）**

| 振动次数/次 | 围压/kPa | $a$ | $b$ | $G_{dmax}$ | $\lambda_{dmax}$ | $\gamma_{dr}$ | $R^2$ |
|---|---|---|---|---|---|---|---|
| | 50 | 0.696 09 | 0.002 58 | 270.208 63 | 0.364 79 | 0.002 58 | 0.993 52 |
| 10 | 100 | 0.744 55 | 0.002 53 | 294.434 94 | 0.358 42 | 0.002 53 | 0.998 54 |
| | 200 | 0.833 91 | 0.002 45 | 340.107 37 | 0.351 13 | 0.002 45 | 0.994 87 |
| | 50 | 0.620 36 | 0.002 36 | 263.040 45 | 0.371 47 | 0.002 36 | 0.999 52 |
| 20 | 100 | 0.663 69 | 0.002 31 | 287.322 03 | 0.361 98 | 0.002 31 | 0.996 93 |
| | 200 | 0.740 98 | 0.002 24 | 331.297 22 | 0.355 69 | 0.002 24 | 0.985 80 |
| | 50 | 0.586 02 | 0.002 37 | 246.849 29 | 0.373 53 | 0.002 37 | 0.998 93 |
| 30 | 100 | 0.630 02 | 0.002 28 | 275.771 13 | 0.362 12 | 0.002 28 | 0.997 50 |
| | 200 | 0.715 70 | 0.002 18 | 327.799 95 | 0.357 48 | 0.002 11 | 0.989 06 |

在–1.5℃温度条件下，不同振动次数（10 次、20 次、30 次）、不同围压（50kPa、100kPa、200kPa）试样的动剪应力-动剪应变曲线，并使用 Michaelis-Menten 函数进行拟合，拟合结果见图 3-29～图 3-31，拟合参数见表 3-8。

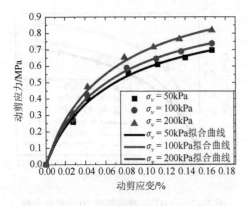

图 3-29　–1.5℃、单级振动 10 次拟合曲线
（动直剪实验）

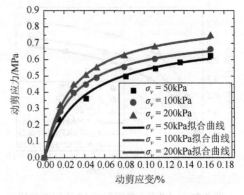

图 3-30　–1.5℃、单级振动 20 次拟合曲线
（动直剪实验）

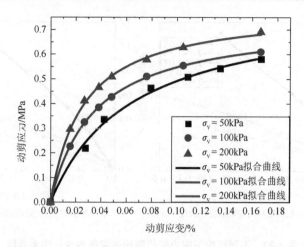

图 3-31　-1.5℃、单级振动 30 次拟合曲线（动直剪实验）

**表 3-8　-1.5℃下土样动力学参数拟合表（动直剪实验）**

| 振动次数/次 | 围压/kPa | $a$ | $b$ | $G_{dmax}$ | $\lambda_{dmax}$ | $\gamma_{dr}$ | $R^2$ |
|---|---|---|---|---|---|---|---|
| | 50 | 0.802 14 | 0.002 86 | 280.236 58 | 0.349 25 | 0.002 86 | 0.994 89 |
| 10 | 100 | 0.853 28 | 0.002 82 | 302.858 53 | 0.347 45 | 0.002 82 | 0.995 20 |
| | 200 | 0.941 53 | 0.002 73 | 345.039 74 | 0.341 64 | 0.002 73 | 0.994 61 |
| | 50 | 0.721 06 | 0.002 74 | 262.992 76 | 0.353 46 | 0.002 74 | 0.990 37 |
| 20 | 100 | 0.771 34 | 0.002 66 | 290.380 42 | 0.351 45 | 0.002 66 | 0.998 56 |
| | 200 | 0.858 25 | 0.002 51 | 341.275 56 | 0.344 47 | 0.002 51 | 0.998 56 |
| | 50 | 0.675 16 | 0.002 65 | 254.446 43 | 0.354 96 | 0.002 65 | 0.994 89 |
| 30 | 100 | 0.703 61 | 0.002 51 | 280.037 79 | 0.353 46 | 0.002 51 | 0.999 86 |
| | 200 | 0.798 42 | 0.002 38 | 335.781 67 | 0.345 86 | 0.002 28 | 0.998 81 |

### 3.2.3　温度对动应力-动应变曲线的影响

刘婕[13]的实验条件：围压为 0.5MPa，含水率为最佳含水率 18%，频率为 1Hz，温度为-6.0℃、-1.5℃、-1.0℃、-0.5℃、0℃。

从图 3-32（a）、（b）中可以看出：动剪应力幅值随动剪应变幅值变化规律与动应力幅值随动应变幅值变化规律相同。不同温度条件下的动应力幅值随动应变幅值的变化规律基本相同，即随着动应变幅值的增加，动应力幅值逐渐增大，随着温度的降低，在相同动应变幅值条件下，动应力幅值增大。由图 3-32（a）、（b）可以明显看出，温度为-6℃时的动应变幅值要比-1℃时对应的动应变幅值小很多。在动应力幅值为 0.5MPa 时，-6.0℃、-1.5℃、-1.0℃、-0.5℃、0℃对应的动

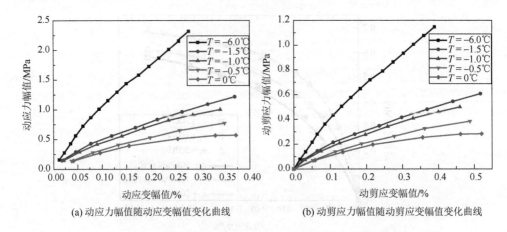

(a) 动应力幅值随动应变幅值变化曲线　　　　　　(b) 动剪应力幅值随动剪应变幅值变化曲线

图 3-32　　不同温度下应力幅值随应变幅值的变化关系曲线

应变幅值分别为 0.04%、0.10%、0.12%、0.18%、0.25%。由此可以得到，温度对动应变幅值影响非常大，温度越低，动应变幅值增长速率越小，这是因为温度越低，土中的含冰量越大，土颗粒受到冰的胶结作用越强，从而土体抵抗变形的能力越强，在外荷载作用下，动应变幅值变小。

### 3.2.4　围压对动应力-动应变曲线的影响

刘婕[13]的实验条件：温度为–1.0℃，含水率为最佳含水率 18%，频率为 1Hz，围压为 0.3MPa、0.5MPa、1.0MPa。

从图 3-33 (a)、(b) 中可以看出：不同围压条件下的动应变幅值随动应力幅值的变化曲线基本相同，即随着动应力幅值的增加，动应变幅值逐渐增大，随着围压的增大，在相同动应力幅值条件下，动应变幅值增大，在一定范围内增加围压可以有效地提高土样的破坏强度。同时动剪应变幅值随动剪应力幅值变化曲线与动应变幅值随动应力幅值变化曲线相同。但是从图 3-33 中可以看出，动剪应变幅值与动应变幅值相比，变化幅值要大很多，由此可见，动剪应变幅值受动剪应力幅值较动应变幅值受动应力幅值影响大。当动应力幅值为 0.5MPa 时，围压为 0.3MPa、0.5MPa、1.0MPa 对应的动应变幅值分别为 0.15%、0.125%、0.10%，差值分别为 0.025%和 0.025%；当动应力幅值为 0.8MPa 时，围压为 0.3MPa、0.5MPa、1.0MPa 对应的动应变幅值分别为 0.275%、0.225%、0.175%，差值分别为 0.05%和 0.05%，由此可得，随着动应力幅值的增大，围压对动应变幅值的影响越来越大。

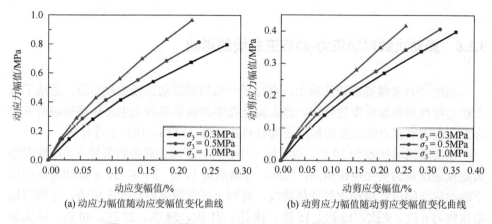

(a) 动应力幅值随动应变幅值变化曲线　　　　　(b) 动剪应力幅值随动剪应变幅值变化曲线

图 3-33　不同围压下动应力幅值随动应变幅值变化曲线

## 3.2.5　含水率对动应力-动应变曲线的影响

刘婕[13]实验条件：围压为 0.5MPa，频率为 1Hz，温度为−1.5℃，含水率为 13%、16%、18%、20%。

从图 3-34 中可以看出：动应变幅值随含水率变化曲线与应变幅值随含水率变化曲线相似。动应变幅值随含水率变化不像动应变幅值随围压、频率、温度等变化，是一条单调增减曲线。图 3-34 显示，动应变幅值随含水率变化曲线整体比较平缓，但存在一个波谷，即在最佳含水率为 18%时，动应变幅值最小。当含水率小于最佳含水率时，随着含水率的增大，动应变幅值减小，当含水率大于最佳含水率时，随着含水量的增大，动应变幅值增大，此规律同样符合动剪应变幅值随含水率变化曲线。因此，含水率对动应变幅值影响较小，青藏高原粉质黏土的最佳含水率约为 18%，含水率对动应变幅值影响较小。

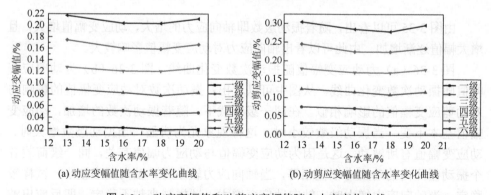

(a) 动应变幅值随含水率变化曲线　　　　　(b) 动剪应变幅值随含水率变化曲线

图 3-34　动应变幅值和动剪应变幅值随含水率变化曲线

### 3.2.6　振动次数对动应力-动应变曲线的影响

刘婕[13]对青藏高原粉质黏土，进行了一系列低温动三轴加载实验，总结了冻土动力特性和参数的变化规律。该实验是在中国科学院西北生态环境资源研究院冻土工程国家重点实验室的振动三轴材料实验机（MTS-810）上进行的。

该实验振动次数为 30 次，对于同一个试样，不同加载级数条件下，动应变幅值随振动次数的变化规律相同，因此，分别取第 1、2、3、4、5、6 级动荷载作用下的动应变幅值随振动次数变化曲线，对同一级荷载下的动应变幅值，分别取振动次数为 6 次、9 次、12 次、15 次、18 次、21 次、24 次、27 次、30 次。该实验的实验条件：温度为−1℃，围压为 0.5MPa，频率为 1Hz，含水率为最佳含水率18%，如图 3-35 所示。

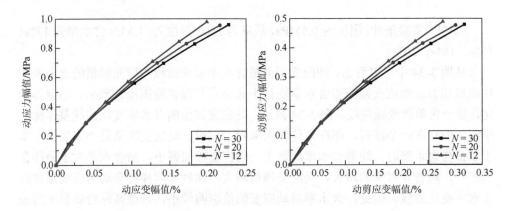

图 3-35　不同振动次数下动应变幅值随动应力幅值变化曲线

由图 3-35 可以看出，随着振动级数即轴向应力的增大，动应变幅值增大，且增大幅值逐渐增加。由此可以看出轴向应力对动应变幅值影响较大。

图 3-36（a）为动应变幅值随振动次数变化曲线，图 3-36（b）为动剪应变幅值随振动次数变化曲线。从图中可以看出：振动次数对动应变幅值的影响与对动剪应变幅值的影响相似。在同一级荷载下，随着振动次数的增加，动应变幅值基本不变。当振动级数较小时，这种现象尤为明显，当振动级数增大时，动应变幅值有所波动。这是因为动应变幅值与动应力幅值有关，同一级荷载各个振动循环内的动应力幅值相等，当轴向应力较小时，轴向变形较小，试样较稳定，当轴向应力增大时，轴向动应变增大，试样越来越不稳定，即反应出波动现象。

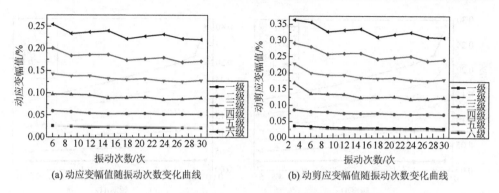

(a) 动应变幅值随振动次数变化曲线　　　　　(b) 动剪应变幅值随振动次数变化曲线

图 3-36　动应变幅值和动剪应变幅值随振动次数变化曲线

### 3.2.7　频率对动应力-动应变曲线的影响

刘婕[13]的实验条件：温度为 −1.5℃，围压为 0.5MPa，含水率为最佳含水率 18%，频率为 0.2Hz、0.5Hz、1Hz、3.0Hz、5.0Hz。

从图 3-37 中可以看出：动应力幅值对动应变幅值的影响与动剪切应力对动剪应变幅值的影响相似。加载频率对动应变幅值的影响较大。同一级荷载下，动应变幅值和动剪应变幅值随加载频率变化曲线如图 3-38（a）、（b）所示。从图 3-37（a）、（b）中可以看出：随着动应力幅值的增加，不同频率条件下的动应变幅值均以非线性方式逐渐增大；曲线的整体斜率不同，表明动应变幅值随动应力幅值增加的速率各不相同。在该实验条件下，动应力幅值作为一种重要激励，是决定动应变幅值变化的主要因素。

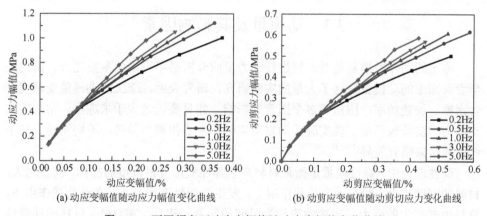

(a) 动应变幅值随动应力幅值变化曲线　　　　　(b) 动剪应变幅值随动剪切应力变化曲线

图 3-37　不同频率下动应变幅值随动应力幅值变化曲线

从图 3-38（a）、（b）中可以看出：频率较低时，动应变幅值较大，这体现了冻土的流变性。对于不同频率条件下某个加载级数下的 1 组实验，动荷载的振幅、

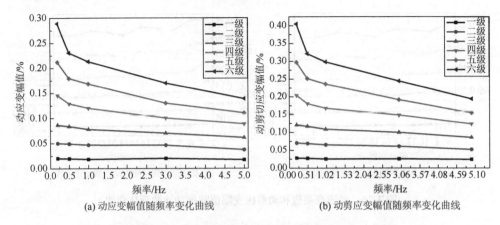

(a) 动应变幅值随频率变化曲线　　　　　　　　　(b) 动剪应变幅值随频率变化曲线

图 3-38　动应变幅值与动剪切应变幅值随频率变化曲线

次数都是相同的，频率越低，动荷载作用的速率越小、作用时间越长，冻土流变性体现越明显，因此，动应变幅值越大。动应变幅值随频率的增加而减小，但减小的速率逐渐降低，当频率达到一定数值时，动应变幅值趋于一个稳定值。加载级数不同，该稳定值的取值不同，随着加载级数的增加，该稳定值逐渐增大。

从图 3-37 和图 3-38 中可以看出：当动应力幅值逐渐增加时，青藏高原粉质黏土的动应变幅值的变化最大可达到 0.40%，动剪应变幅值的变化最大可达到 0.60%。当频率变化时，青藏高原粉质黏土动应变幅值的变化不超过 0.20%，动剪应变幅值变化不超过 0.3%。可见，动应力幅值对动应变幅值的影响作用大于频率的影响，动剪应力幅值对动剪应变幅值的影响大于频率的影响。

## 3.3　动模量及其影响因素

冻土的动弹性模量是对土层进行动力反应分析必不可少的参数之一。国内外学者对冻土的动模量进行了大量的实验研究，研究表明，冻土的动模量受温度、含水率、加载频率、围压等多个因素的影响，并且要远远大于未冻土。常规的冻土动力学实验包括动三轴实验、动直剪实验和空心扭剪实验等，不同实验方法下的实验结果略有差异[14-15]。

弹性理论中，弹性模量是衡量材料产生弹性变形难易程度的指标，其值越大，材料的刚度越大，即在一定荷载作用下，发生的弹性变形越小。在动荷载作用下，材料内部产生的应力、应变响应均为时间的函数，根据文献[16]，材料的动弹性模量定义为

$$E_{\mathrm{d}} = \frac{\sigma_{\mathrm{d}}}{\varepsilon_{\mathrm{d}}} \tag{3-67}$$

式中，$\sigma_d$、$\varepsilon_d$ 分别为各个时刻的动应力和动应变。

在黏弹性滞后模型中，应力由两部分组成：弹性元件和黏性元件，如图 3-39 所示。当轴向动应力的变化规律是正弦函数时，即 $\sigma_d = \varepsilon_m \sin\omega t$，弹性元件和黏性元件中产生的轴向动应变为 $\varepsilon_d = \dfrac{\sigma_m}{c\omega} \sin(\omega t - \delta) = \varepsilon_m \sin(\omega t - \delta)$。

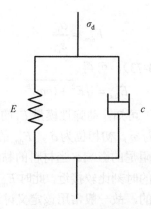

图 3-39  黏弹性模型

$\sigma_m$ 和 $\varepsilon_m$ 存在以下关系：

$$\varepsilon_m = \frac{\sigma_m}{\sqrt{E^2 + (c\omega)^2}} \tag{3-68}$$

其中，$E$ 为弹性元件的弹性系数，$c$ 为黏性元件的黏滞系数。

将 $\sigma_d$、$\varepsilon_d$ 代入式（3-67），则式（3-67）变为

$$E_d = \frac{\varepsilon_m \sin\omega t}{\varepsilon_m \sin(\omega t - \delta)} \tag{3-69}$$

$\sigma_d$、$\varepsilon_d$ 为圆频率 $\omega$ 相同的正弦量，但是 $\sigma_d$、$\varepsilon_d$ 的初相位不同。

频率相同的两个正弦量可以通过正弦量的相量进行运算。对于任何正弦时间函数都可以找到唯一的与其对应的复指数函数，正弦量和该复指数函数的虚部相等，复指数函数的常数部分把正弦量的有效值和初相位角结合成一个复数表示出来，这个复数称为正弦量的相量[17]。

$\sigma_d$ 和 $\varepsilon_d$ 的相量表示分别为

$$\widehat{\sigma_d} = \sigma_m \angle 0, \quad \widehat{\varepsilon_d} = \varepsilon_m \angle -\delta \tag{3-70}$$

$E_d$ 的相量表示为

$$\widehat{E_d} = \frac{\widehat{\sigma_d}}{\widehat{\varepsilon_d}} \tag{3-71}$$

将式（3-70）代入式（3-71）得到：

$$\widehat{E_{\mathrm{d}}} = \frac{\sigma_{\mathrm{m}}}{\varepsilon_{\mathrm{m}}} < \delta \qquad (3\text{-}72)$$

式（3-72）的正弦量表达式为

$$E_{\mathrm{d}} = \frac{\sigma_{\mathrm{m}}}{\varepsilon_{\mathrm{m}}} \sin(\omega t + \delta) \qquad (3\text{-}73)$$

令

$$E_{\mathrm{dm}} = \frac{\sigma_{\mathrm{m}}}{\varepsilon_{\mathrm{m}}} \qquad (3\text{-}74)$$

将式（3-68）代入式（3-73），可得

$$E_{\mathrm{dm}} = \sqrt{E^2 + (c\omega)^2} \qquad (3\text{-}75)$$

由式（3-73）、式（3-75）可知，动弹性模量 $E_{\mathrm{d}}$ 的变化规律符合正弦函数，它的最大值为 $E_{\mathrm{dm}}$，其中频率为 $\omega$，初相位为 $\delta$。$E_{\mathrm{dm}}$ 的大小与 $c$、$\omega$ 和 $E$ 有关，弹性元件的弹性模量 $\omega$ 反映了阻尼的影响。当材料的黏滞阻尼系数不大时，动应变最大值和动应力最大值出现的时刻比较接近，此时 $E_{\mathrm{dm}}$ 接近 $E$。此时，用 $\sigma_{\mathrm{m}}$ 和 $\varepsilon_{\mathrm{m}}$ 之比定义模量还是相当精确的，故一般常用该定义讨论问题。

将冻土视为黏弹性体，由于存在滞后现象，当应力已经达到最大值的时候应变并未达到最大值，即应力最大值和应变最大值并不是同时达到。同理，滞回曲线上的每一个点对应的应力和应变发生在不同的时刻，所以不能用原点和滞回曲线上各点连线构成割线的斜率来计算动弹性模量。

滞回曲线示意图如图 3-40 所示，$O$ 点为坐标原点，过最大应变做应力轴的平行线，过最大应力做应变轴的平行线，两平行线相交于 $N$ 点，连接 $ON$，动弹性模量的最大值正好等于滞回曲线中直线 $ON$ 的斜率。因此，可以通过计算滞回曲线中直线 $ON$ 斜率的方法来计算动弹性模量的最大值 $E_{\mathrm{dm}}$。

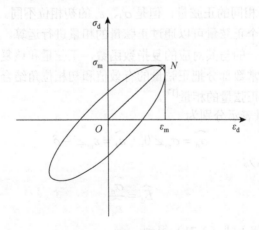

图 3-40　滞回曲线示意图

动荷载作用一个周期内动弹性模量的最大值定义为冻土的动弹性模量，即动模量[17]。也就是用 $ON$ 的斜率表示 $E_{\mathrm{dm}}$，本节所提到的动弹性模量也就是这里所说的动模量，后文中统一用 $E_{\mathrm{d}}$ 来表示。

动剪切模量作为土动力特性的重要参数，是土动力计算和场地地震安全性评价中不可或缺的内容。根据前面得到的动剪应力幅值-动剪应变幅值关系曲线，可得动剪切模量：

$$\begin{cases} \gamma_{\mathrm{d}} = \varepsilon_{\mathrm{d}}(1+\mu) \\ \tau_{\mathrm{d}} = \dfrac{1}{2}\sigma_{\mathrm{d}} \\ G_{\mathrm{d}} = \dfrac{\tau_{\mathrm{d}}}{\gamma_{\mathrm{d}}} = \dfrac{E_{\mathrm{d}}}{2(1+\mu)} \end{cases} \tag{3-76}$$

## 3.3.1　温度对最大动剪切模量的影响

崔颖辉的实验中，对于高温冻土动三轴实验和动直剪实验均选择 0℃、−0.5℃、−1.0℃ 和 −1.5℃ 四个负温下进行实验，为了方便与动直剪实验的结果进行对比，将最大动弹性模量 $E_{\mathrm{dmax}}$ 通过公式（3-76）转化成最大动剪切模量 $G_{\mathrm{dmax}}$，其中泊松比取 0.35[18]。通过数据拟合发现最大动剪切模量 $G_{\mathrm{dmax}}$ 随温度绝对值的拟合曲线适合采用指数形式衰减：

$$G_{\mathrm{dmax}} = A_1 \cdot \exp(-|T_c|/B_1) + G_{\mathrm{d0}} \tag{3-77}$$

其中，$A_1$、$B_1$ 和 $G_{\mathrm{d0}}$ 均为实验参数，$T_c$ 为自变量，即冻土温度。动三轴和动直剪最大动剪切模量与温度关系曲线分别如图 3-41 和图 3-42 所示。最大动剪切模量与温度关系回归参数表见表 3-9。

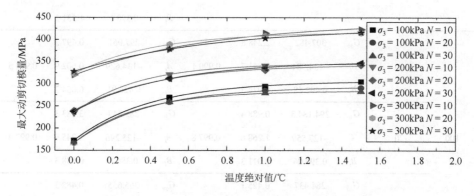

图 3-41　动三轴实验最大动剪切模量与温度关系曲线

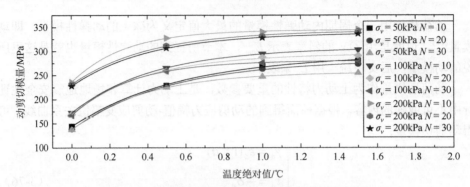

图 3-42　动直剪实验最大动剪切模量与温度关系曲线

**表 3-9　最大动剪切模量与温度关系回归参数一览表**

| 拟合方程 | | | 最大动剪切模量-温度关系 $G_{dmax} = A_1 \cdot \exp(-\lvert T_c \rvert / B_1) + G_{d0}$ | | | | | |
|---|---|---|---|---|---|---|---|---|
| 实验类型 | | | 动三轴实验 | | | 动直剪实验 | | |
| 围压/kPa | 振动次数/次 | | 回归值 | 误差/% | 方差 | 回归值 | 误差/% | 方差 |
| 50 | 10 | $G_{d0}$ | | | | 292.673 | 7.331 | |
| | | $A_1$ | | | | −148.410 | 7.834 | 0.995 6 |
| | | $B_1$ | | | | 0.570 03 | 0.078 | |
| | 20 | $G_{d0}$ | | | | 281.438 | 3.218 | |
| | | $A_1$ | | | | −143.652 | 3.628 | 0.998 8 |
| | | $B_1$ | | | | 0.507 9 | 0.034 | |
| | 30 | $G_{d0}$ | | | | 256.156 | 0.023 9 | |
| | | $A_1$ | | | | −119.246 | 1.174 8 | 0.999 6 |
| | | $B_1$ | | | | 0.378 1 | 1.531 2 | |
| 100 | 10 | $G_{d0}$ | 307.482 | 2.248 8 | | 297.061 | 0.497 2 | |
| | | $A_1$ | −134.984 | 2.841 7 | 0.990 1 | −134.629 | 0.602 9 | 0.999 5 |
| | | $B_1$ | 0.402 48 | 0.024 5 | | 0.426 91 | 0.054 2 | |
| | 20 | $G_{d0}$ | 294.184 3 | 0.988 4 | | 285.449 | 3.283 3 | |
| | | $A_1$ | −127.559 | 1.268 6 | 0.997 8 | −125.296 | 4.245 9 | 0.997 4 |
| | | $B_1$ | 0.390 06 | 0.011 3 | | 0.386 5 | 0.038 3 | |
| | 30 | $G_{d0}$ | 284.437 | 0.425 1 | | 265.635 | 0.482 3 | |
| | | $A_1$ | −118.303 | 0.591 5 | 0.997 4 | −113.873 | 0.688 7 | 0.999 1 |
| | | $B_1$ | 0.328 57 | 0.005 1 | | 0.308 78 | 0.006 9 | |

| 拟合方程 | | 最大动剪切模量-温度关系 $G_{dmax} = A_1 \cdot \exp(-\mid T_c \mid /B_1) + G_{d0}$ | | | | | | |
|---|---|---|---|---|---|---|---|---|
| 实验类型 | | 动三轴实验 | | | 动直剪实验 | | | |
| 围压/kPa | 振动次数/次 | | 回归值 | 误差/% | 方差 | | 回归值 | 误差/% | 方差 |
| | 10 | $G_{d0}$ | 345.828 | 0.386 0 | | $G_{d0}$ | 338.458 | 1.616 1 | |
| | | $A_1$ | −111.738 | 0.536 1 | 0.999 4 | $A_1$ | −108.918 | 2.408 2 | 0.998 7 |
| | | $B_1$ | 0.329 92 | 0.004 9 | | $B_1$ | 0.276 23 | 0.024 8 | |
| | 20 | $G_{d0}$ | 343.607 | 4.528 8 | | $G_{d0}$ | 329.719 | 3.083 2 | |
| 200 | | $A_1$ | −104.42 | 5.543 4 | 0.985 4 | $A_1$ | −111.524 | 3.819 6 | 0.997 3 |
| | | $B_1$ | 0.428 93 | 0.064 4 | | $B_1$ | 0.403 99 | 0.039 9 | |
| | 30 | $G_{d0}$ | 351.207 | 1.752 8 | | $G_{d0}$ | 321.965 | 1.252 2 | |
| | | $A_1$ | −113.627 | 2.036 7 | 0.993 7 | $A_1$ | −110.204 | 1.577 6 | 0.999 5 |
| | | $B_1$ | 0.475 75 | 0.023 4 | | $B_1$ | 0.404 97 | 0.016 7 | |
| | 10 | $G_{d0}$ | 439.440 | 13.727 | | | | | |
| | | $A_1$ | −120.161 | 13.761 | 0.981 5 | | | | |
| | | $B_1$ | 0.710 79 | 0.193 3 | | | | | |
| | 20 | $G_{d0}$ | 416.897 | 0.883 7 | | | | | |
| 300 | | $A_1$ | −94.065 5 | 1.095 1 | 0.997 1 | | | | |
| | | $B_1$ | 0.418 51 | 0.013 9 | | | | | |
| | 30 | $G_{d0}$ | 427.371 | 1.822 8 | | | | | |
| | | $A_1$ | −99.533 6 | 0.030 9 | 0.996 5 | | | | |
| | | $B_1$ | 0.712 14 | 0.061 0 | | | | | |

从图 3-41 和图 3-42 中可以看出随着温度的降低（温度绝对值增加），土的动剪切模量不断增加，就动三轴实验而言，最大动剪切模量在围压 100kPa 情况下，从 172MPa 增加到了 305MPa 左右；围压 200kPa 情况下，从 234MPa 左右增加到 344MPa 左右；而 300kPa 情况下，则是从 319MPa 左右，增加到了 422MPa 左右。同样的变化也发生在动直剪实验当中，最大动剪切模量在围压 50kPa 情况下，从 144MPa 增加到了 280MPa 左右；围压 100kPa 情况下，从 169MPa 左右增加到 300MPa 左右；而 200kPa 情况下，则是从 235MPa 左右，增加到了 345MPa 左右，增幅均在 20%左右。可以看出，温度在剧烈相变区对最大动剪切模量的影响巨大。

对比动三轴实验和动直剪实验,围压 100kPa 和 200kPa 的拟合参数比较接近,如围压 100kPa 振动 30 次的拟合公式分别为式（3-78）、式（3-79）:

$$\begin{cases} G_{dmax} = -118.303\exp\left(-\left|T_c\right|/0.328\right) + 284.184 \\ R^2 = 0.9901 \end{cases} \tag{3-78}$$

$$\begin{cases} G_{dmax} = -113.873\exp\left(-\left|T_c\right|/0.308\right) + 265.653 \\ R^2 = 0.9974 \end{cases} \tag{3-79}$$

在实验的温度、围压和振动次数范围内,两实验拟合公式相差在 10%以内,能够符合工程计算要求。从原理上分析,一方面是因为土中的水变成冰晶,固态较液态刚度大得多,而随着温度的增加,土中未冻水含量不断减少,而冰含量不断增加,所以动弹性模量不断增加。另一方面是因为温度对冰的胶结连接作用影响强烈,随着试样温度的降低,冰晶格中氢原子活性减小,使得冰晶更坚硬致密,试样的动弹性模量、刚度随之增强;反之,则试样的动弹性模量、刚度随温度的升高而衰减。这种效果在水-冰的剧烈相变区（0～–1.5℃）尤为明显。

刘婕的实验中,取控制条件:围压为 0.5MPa,含水率为最佳含水率 18%,频率为 1Hz,温度为–6.0℃、–1.5℃、–1.0℃、–0.5℃、0.0℃。

从图 3-43 中可以看出:动剪切模量随温度变化与动弹性模量随温度变化相似。不同温度条件下的动弹性模量随动应变幅值的变化曲线基本相同,即随着动应变幅值的增加,动弹性模量逐渐减小,随着温度的降低,在相同动应变幅值条件下,动弹性模量增大。同时动剪切模量随动剪应变幅值变化曲线与动弹性模量随动应变幅值变化曲线相同。

从图 3-43 中可以看出,温度对动模量影响较大。当动应变幅值为 0.15%时,–6.0℃、–1.5℃、–1.0℃、–0.5℃、0℃对应的动弹性模量分别为 950MPa、450MPa、400MPa、300MPa、250MPa;当动剪应变幅值为 0.15%时,–6.0℃、–1.5℃、–1.0℃、–0.5℃、0℃对应的动剪切模量分别为 375MPa、175MPa、150MPa、115MPa、100MPa。在 0.05%～0.35%动应变幅值范围内,–6.0℃、–1.5℃、–1.0℃、–0.5℃、0℃温度下动弹性模量范围分别为 800～1200MPa、350～600MPa、300～550MPa、225～375MPa、150～325MPa。在 0.025%～0.40%动剪应变幅值范围内,–6.0℃、–1.5℃、–1.0℃、–0.5℃、0℃温度下动剪切模量范围分别为 300～460MPa、125～280MPa、110～250MPa、80～170MPa、70～140MPa,降低温度将大大提高冻土强度。

温度对冻土的动模量影响很大,主要是由于温度对冻土中冰的胶结连接有很大的影响,温度的降低,使冻土中冰晶格中的氢原子活性降低,进而促使冰分子的排列更为紧致。这就导致冻土强度和刚度变大,稳定性增强[19]。同时由于冻土中未冻水会随着外界条件变化,因此,在水-冰非剧烈相变区,冻土的强度随温度降低而增大,同时冰的强度随温度降低而增大亦在起作用[20],崔托维奇对此进行

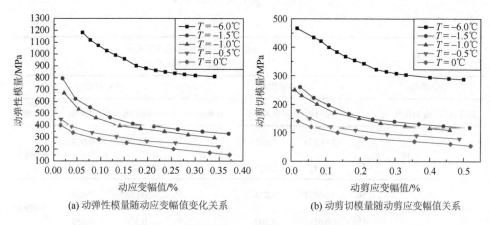

(a) 动弹性模量随动应变幅值变化关系　　　(b) 动剪切模量随动剪应变幅值关系

图 3-43　不同负温下动模量-动应变幅值关系

了验证，并且提出在冻土的水-冰剧烈相变区，温度每减少 1℃，未冻水含量会减少在 1%以上[21]。

### 3.3.2　围压对最大动剪切模量的影响

崔颖辉[12]的实验中，同样将动三轴实验得到的最大动弹性模量换算成最大动剪切模量，两种实验得到的最大动剪切模量在低围压下（50kPa、100kPa、200kPa和 300kPa）与围压大致呈线性关系，其拟合公式如式（3-80）所示：

$$G_{\text{dmax}} = G_0 + G_1\sigma \tag{3-80}$$

最大动剪切模量与围压关系回归参数一览表如表 3-10 所示。

表 3-10　最大动剪切模量与围压关系回归参数一览表

| 拟合方程 | | | 最大动剪切模量-振动次数关系 $G_{\text{dmax}} = G_0 + G_1\sigma$ | | | | | |
|---|---|---|---|---|---|---|---|---|
| 实验类型 | | | 动三轴实验 | | | 动直剪实验 | | |
| 温度/℃ | 振动次数/次 | | 回归值 | 误差/% | 方差 | 回归值 | 误差/% | 方差 |
| | 10 | $G_0$ | 94.718 | 0.158 | 0.982 4 | $G_0$　113.040 | 0.021 | 0.989 9 |
| | | $G_1$ | 0.737 | 0.094 | | $G_1$　0.610 | 0.030 | |
| 0 | 20 | $G_0$ | 86.683 | 0.082 | 0.996 4 | $G_0$　107.011 | 0.003 | 0.989 3 |
| | | $G_1$ | 0.781 | 0.042 | | $G_1$　0.621 | 0.003 | |
| | 30 | $G_0$ | 82.180 | 0.143 | 0.990 9 | $G_0$　106.411 | 0.003 | 0.987 7 |
| | | $G_1$ | 0.808 | 0.068 | | $G_1$　0.606 | 0.004 | |

续表

| 拟合方程 | | | 最大动剪切模量-振动次数关系 $G_{dmax} = G_0 + G_1\sigma$ | | | | | | |
|---|---|---|---|---|---|---|---|---|---|
| 实验类型 | | | 动三轴实验 | | | | 动直剪实验 | | |
| 温度/℃ | 振动次数/次 | | 回归值 | 误差/% | 方差 | | 回归值 | 误差/% | 方差 |
| -0.5 | 10 | $G_0$ | 214.373 | 0.012 | 0.999 0 | $G_0$ | 198.269 | 0.017 | 0.989 9 |
| | | $G_1$ | 0.541 | 0.022 | | $G_1$ | 0.647 | 0.039 | |
| | 20 | $G_0$ | 189.673 | 0.074 | 0.980 2 | $G_0$ | 200.887 | 0.020 | 0.989 3 |
| | | $G_1$ | 0.651 | 0.100 | | $G_1$ | 0.556 | 0.055 | |
| | 30 | $G_0$ | 196.375 | 0.041 | 0.992 2 | $G_0$ | 200.688 | 0.031 | 0.987 7 |
| | | $G_1$ | 0.600 | 0.062 | | $G_1$ | 0.535 | 0.088 | |
| -1.0 | 10 | $G_0$ | 230.334 | 0.075 | 0.965 2 | $G_0$ | 247.372 | 0.004 | 0.989 9 |
| | | $G_1$ | 0.598 | 0.133 | | $G_1$ | 0.465 | 0.015 | |
| | 20 | $G_0$ | 218.461 | 0.090 | 0.956 9 | $G_0$ | 241.053 | 0.006 | 0.989 3 |
| | | $G_1$ | 0.613 | 0.148 | | $G_1$ | 0.453 | 0.025 | |
| | 30 | $G_0$ | 216.050 | 0.025 | 0.996 6 | $G_0$ | 220.835 | 0.009 | 0.987 7 |
| | | $G_1$ | 0.616 | 0.041 | | $G_1$ | 0.537 | 0.027 | |
| -1.5 | 10 | $G_0$ | 239.918 | 0.102 | 0.968 9 | $G_0$ | 259.146 | 0.004 | 0.989 9 |
| | | $G_1$ | 0.588 | 0.192 | | $G_1$ | 0.431 | 0.018 | |
| | 20 | $G_0$ | 225.662 | 0.059 | 0.980 5 | $G_0$ | 247.545 | 0.021 | 0.989 3 |
| | | $G_1$ | 0.618 | 0.099 | | $G_1$ | 0.463 | 0.086 | |
| | 30 | $G_0$ | 215.905 | 0.013 | 0.999 2 | $G_0$ | 226.574 | 0.007 | 0.987 7 |
| | | $G_1$ | 0.663 | 0.020 | | $G_1$ | 0.544 | 0.021 | |

从图 3-44 和图 3-45 可以看出，不同温度、不同振动次数的最大动剪切模量随围压的增加呈线性增加。其中，温度较高（温度绝对值较低）时拟合曲线比温度较低（温度绝对值较高）的拟合曲线陡；随着温度不断降低（温度绝对值增加），不同温度间最大动弹性模量的差距越来越小。

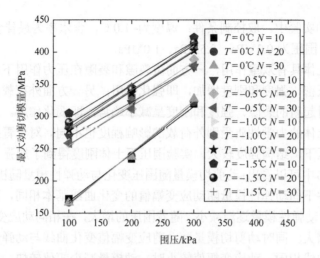

图 3-44　动三轴实验最大剪切模量与围压关系曲线

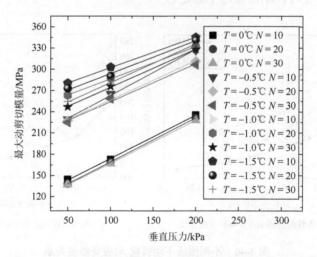

图 3-45　动直剪实验最大动剪切模量与垂直压力关系曲线

式（3-81）和式（3-82）分别为动三轴实验与动直剪实验中，温度–1.0℃、振动 20 次的拟合公式：

$$G_{\mathrm{dmax}} = 218.461 + 0.613\sigma \tag{3-81}$$

$$G_{\mathrm{dmax}} = 241.053 + 0.453\sigma \tag{3-82}$$

对比动三轴实验和动直剪实验的拟合结果发现，动直剪实验拟合得到的截距值 $G_0$ 略大，而斜率 $G_1$ 略小，这可能是由于两种实验采用的实验方案不完全相同造成的误差。

刘婕[13]的实验中，取控制条件：温度为−1.0℃，含水率为最佳含水率 18%，频率为 1Hz，围压为 0.3MPa、0.5MPa、1.0MPa。

围压对土体具有双重作用，一方面微裂隙和裂隙在压力作用下会发生闭合，土体逐渐被压密，强度和刚度增加，即强化作用；另一方面外荷载会破坏土颗粒间的连接，引起新的裂隙，强度和刚度呈减小趋势，即弱化作用。土的结构强度不同，从而土体的力学性质受到外荷载的影响程度也不同。对于青藏高原粉质黏土，在低围压下，结构强度较大，实验围压下土体刚度得到了加强。

从图3-46中可以看出：动剪切模量随围压变化与动弹性模量随围压变化相似。不同围压条件下的动弹性模量随动应变幅值的变化曲线基本相同，即随着动应变幅值的增加，动弹性模量逐渐减小，随着围压的增大，在相同动应变幅值条件下，动弹性模量增大。同时动剪切模量随动剪应变幅值变化曲线与动弹性模量随动应变幅值变化曲线相同。动应变幅值较小时，动模量减少幅值较快，当动应变幅值增大到一定程度时，动模量趋于稳定。

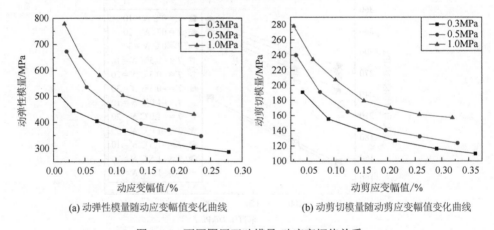

(a) 动弹性模量随动应变幅值变化曲线　　　　　　(b) 动剪切模量随动剪应变幅值变化曲线

图 3-46　不同围压下动模量-动应变幅值关系

冻土的强度由冰的强度、颗粒间摩擦、颗粒间相互作用以及膨胀效应组成。之所以出现强度随围压的增加而增大，是由于对试样施加围压的过程中，试样内部的颗粒接触呈不断加密趋势，孔隙比变小，减小了冻土的膨胀性，抑制了裂隙的增长，使粒间摩擦和相互咬合作用增强，从而导致冻土强度的增大和应变软化的减小。

### 3.3.3　含水率对动弹性模量和动剪切模量的影响

刘婕[13]的实验条件：围压为 0.5MPa，频率为 1Hz，温度为−1.5℃，含水率为13%、16%、18%、20%。

从图 3-47 中可以看出：动剪切模量随含水率变化曲线与动弹性模量随含水率变化曲线相似。动模量随含水率变化曲线存在一个波峰值，即在最佳含水率时动模量值最大。但含水率小于最佳含水率时，随着含水率的增大，动模量增大，且增大幅值随着含水率的增大增大；当含水率大于最佳含水率时，随着含水率的增大，动模量减小，减小幅值较大。从图 3-47 中可以得到，随着动应力的减小，动模量随含水率的变化曲线尤为明显，且最佳含水率起的作用越人。当动应力较大为第六级时，含水率为 13%、16%、18%、20%的动弹性模量变化范围为 385～420MPa，动剪切模量变化范围 137～160MPa；当动应力较小为第一级时，含水率为 13%、16%、18%、20%的动弹性模量变化范围为 605～795MPa，动剪切模量变化范围为 218～284MPa。

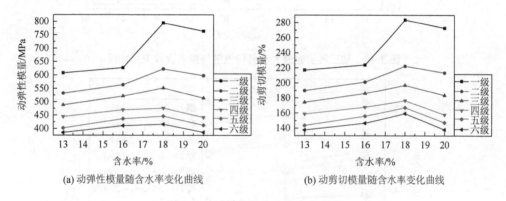

(a) 动弹性模量随含水率变化曲线　　　　(b) 动剪切模量随含水率变化曲线

图 3-47　动模量随含水率变化曲线

当初始含水率较小，小于最佳含水率时，随着含水率的增加，颗粒间冰胶结面积增加，冻土的刚性增加，动模量随之变大；当含水率大于最佳含水率时，土颗粒间的连结被破坏，随着含水率的增大，动模量减小。最佳含水率时，冻土强度最大。

### 3.3.4　振动次数对最大动剪切模量的影响

崔颖辉[12]在高温冻土动三轴实验中选择 10 次、20 次和 30 次三种不同振动次数条件下进行实验，图 3-48 和图 3-49 分别为动三轴实验和动直剪实验的实验结果。从图中可以看出，最大动剪切模量和振动次数之间符合线性关系，其拟合公式见式（3-83）：

$$G_{dmax} = G_0 + G_1 N \tag{3-83}$$

其中，$G_0$、$G_1$ 为实验参数，$N$ 为自变量，即振动次数。拟合参数如表 3-11 所示。

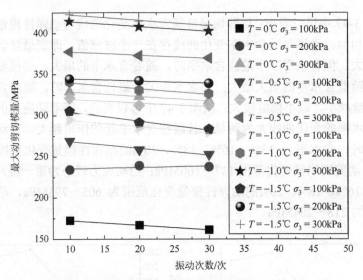

图 3-48　动三轴实验最大动剪切模量与振动次数关系曲线

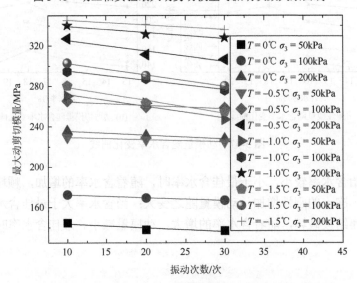

图 3-49　动直剪实验最大动剪切模量与振动次数关系曲线

**表 3-11　最大动剪切模量与振动次数关系回归参数一览表**

| 拟合方程 | | | | 最大动剪切模量-振动次数关系 $G_{dmax} = G_0 + G_1N$ | | | |
|---|---|---|---|---|---|---|---|
| 实验类型 | | 动三轴实验 | | | 动直剪实验 | | |
| 温度/℃ | 围压/kPa | 回归值 | 误差/% | 方差 | | 回归值 | 误差/% | 方差 |
| 0 | 50 | | | | $G_0$ | 147.481 | 3.492 | 0.989 9 |
| | | | | | $G_1$ | −0.385 | 0.162 | |

续表

| 拟合方程 | | | 最大动剪切模量-振动次数关系 $G_{dmax} = G_0 + G_1 N$ | | | | | | |
|---|---|---|---|---|---|---|---|---|---|
| 实验类型 | | | 动三轴实验 | | | 动直剪实验 | | | |
| 温度/℃ | 围压/kPa | | 回归值 | 误差/% | 方差 | | 回归值 | 误差/% | 方差 |
| 0 | 100 | $G_0$ | 178.016 | 0.152 | 0.999 7 | $G_0$ | 175.157 | 0.448 | 0.989 3 |
| | | $G_1$ | −0.564 | 0.007 | | $G_1$ | −0.283 | 0.021 | |
| | 200 | $G_0$ | 236.790 | 2.232 | 0.952 1 | $G_0$ | 239.219 | 0.661 | 0.987 7 |
| | | $G_1$ | −0.329 | 0.103 | | $G_1$ | −0.389 | 0.031 | |
| | 300 | $G_0$ | 334.164 | 0.610 | 0.994 8 | | | | |
| | | $G_1$ | −0.552 | 0.028 | | | | | |
| −0.5 | 50 | | | | | $G_0$ | 231.400 | 0.033 | 0.999 9 |
| | | | | | | $G_1$ | −0.223 | 0.002 | |
| | 100 | $G_0$ | 276.700 | 2.884 | 0.959 9 | $G_0$ | 267.828 | 3.173 | 0.969 9 |
| | | $G_1$ | −0.833 | 0.134 | | $G_1$ | −0.349 | 0.147 | |
| | 200 | $G_0$ | 325.028 | 2.797 | 0.953 6 | $G_0$ | 335.570 | 6.751 | 0.953 4 |
| | | $G_1$ | −0.461 | 0.129 | | $G_1$ | −1.037 | 0.313 | |
| | 300 | $G_0$ | 381.041 | 0.867 | 0.979 7 | | | | |
| | | | −0.396 | 0.040 | | | | | |
| −1.0 | 50 | | | | | $G_0$ | 283.392 | 5.627 | 0.955 2 |
| | | | | | | $G_1$ | −1.168 | 0.260 | |
| | 100 | $G_0$ | 301.881 | 2.345 | 0.961 9 | $G_0$ | 304.507 | 2.768 | 0.963 2 |
| | | $G_1$ | −0.779 | 0.109 | | $G_1$ | −0.933 | 0.128 | |
| | 200 | $G_0$ | 346.954 | 3.663 | 0.974 9 | $G_0$ | 345.376 | 3.313 | 0.968 3 |
| | | $G_1$ | −0.720 | 0.170 | | $G_1$ | −0.615 | 0.153 | |
| | 300 | $G_0$ | 420.059 | 0.788 | 0.992 6 | | | | |
| | | $G_1$ | −0.597 | 0.036 | | | | | |
| −1.5 | 50 | | | | | $G_0$ | 291.682 | 5.424 | 0.953 7 |
| | | | | | | $G_1$ | −1.290 | 0.251 | |
| | 100 | $G_0$ | 315.285 | 3.821 | 0.950 6 | $G_0$ | 313.913 | 1.332 | 0.994 2 |
| | | $G_1$ | −1.111 | 0.177 | | $G_1$ | −1.141 | 0.062 | |
| | 200 | $G_0$ | 347.344 | 0.651 | 0.976 2 | $G_0$ | 349.957 | 1.079 | 0.977 0 |
| | | $G_1$ | −0.275 | 0.030 | | $G_1$ | 0.463 | 0.050 | |
| | 300 | $G_0$ | 428.815 | 1.860 | 0.966 4 | | | | |
| | | $G_1$ | −0.659 | 0.086 | | | | | |

从图 3-48、图 3-49 和表 3-11 中也可以看出，振动次数对土样的最大动弹性

模量的影响并不大，关系曲线较为缓和，略有下降。这是由于最大动弹性模量是当应变趋向于零时的一个理想动力学参数，而振动次数在应变趋向于零时对最大动弹性模量影响较小；但随单级荷载振动次数的增加，冰晶部分融化，而土颗粒将有较多的振动能转变为热能进而使负温升高，冰晶与土颗粒之间胶结作用减弱，因而冻土最大动剪切模量降低；冻土的结构性动力累积损伤与破坏作用显然随单级荷载振动次数的增加而加大，也是最大动剪切模量显著降低的另一原因，故产生图中的情况。

### 3.3.5　频率对动弹性模量的影响

　　刘婕[13]的实验条件：温度为-1.5℃，围压为 0.5MPa，含水率为最佳含水率18%，频率为0.2Hz、0.5Hz、1Hz、3.0Hz、5.0Hz。

　　加载频率对动模量的影响较大。同一级荷载下，动模量随应变幅值变化曲线如图 3-50（a）、（b）所示。从图 3-50（a）、（b）中可以看出：动剪切模量随动剪应变幅值变化曲线与动弹性模量随动应变幅值变化曲线相似。随着动应变幅值的增加，不同频率条件下的动模量均以非线性方式逐渐减小，且减小趋势逐渐变缓；曲线的整体斜率不同，表明动弹性模量随动应力幅值增加的速率各不相同。

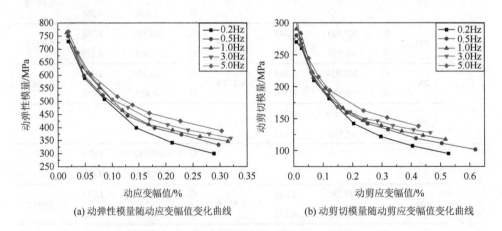

(a)动弹性模量随动应变幅值变化曲线　　　　(b)动剪切模量随动剪应变幅值变化曲线

图 3-50　不同加载频率下动模量-动应变幅关系

　　从图3-51中可以看出：动弹性模量随频率变化与动剪切模量随频率变化相似。动模量随加载频率的增大而增大。频率较低时，动模量较小，增长较快，当频率达到一定数值时，动模量趋于一个稳定值。这是因为土中应力的传递通过相邻的土颗粒来完成，频率越高，应力出现的时间越短，则应力来不及传递分布，变形特性不能呈现得像低频加载下那样完全，土体刚度相对提高，所以动模量也越大；反之，动模量就越小。

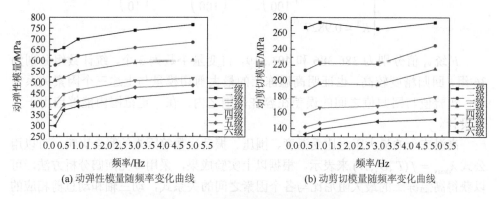

(a) 动弹性模量随频率变化曲线　　　　　　　　(b) 动剪切模量随频率变化曲线

图 3-51　动模量随振动频率变化曲线

频率对动弹性模量的影响反映了时间效应。随着时间的累加，冻土的强度会逐渐降低，同时加荷速度也会对动弹性模量产生一定的影响，加载速度越高，冻土的各种强度也越大[22]。频率反映了时间效应，因此频率越大，加载和卸载的速度就会越快，进而冻土的强度就越大。当加载频率处于高频范围内时，加载速度都比较大，上述时间效应都不明显，所以模量值变化不大。

从图 3-50 和图 3-51 中可以看出：当动应变幅值逐渐增加时，青藏高原粉质黏土的动弹性模量的变化最大可达到400MPa，动剪切模量的变化最大可达到200MPa，当频率变化时，青藏高原粉质黏土动弹性模量的变化不超过 150MPa，动剪切模量的变化不超过 50MPa。可见，动应变幅值对动模量的影响作用大于频率的影响。

### 3.3.6　动剪切模量与动剪应变关系曲线及其影响因素分析

基于以上实验结果及分析，可以看出，冻土的最大动剪切模量受温度、围压、振动次数等因素的联合影响，可以用公式 $G_{\mathrm{dmax}} = f(T_c, \sigma_3, N)$ 来表示。根据以上实验成果，采用多元回归分析方法，可以获得高温冻土的最大动剪切模量与各个因素之间的关系式，动三轴和动直剪相应的关系式分别如式（3-84）和式（3-85）所示：

$$\begin{cases} G_{\mathrm{dmax}} = 142.21 + 187.42T_c - 63.81T_c^2 \\ \qquad + 49.46\left(\dfrac{\sigma_3}{100}\right) - 1.98\left(\dfrac{\sigma_3}{100}\right)^2 - 6.47\left(\dfrac{N}{10}\right) \\ R^2 = 0.9852 \end{cases} \quad (3\text{-}84)$$

$$
\begin{cases}
G_{\text{dmax}} = 133.07 + 195.75T_c - 79.95T_c^2 \\
\qquad + 58.18\left(\dfrac{\sigma_v}{100}\right) - 1.66\left(\dfrac{\sigma_v}{100}\right)^2 - 7.31\left(\dfrac{N}{10}\right) \\
R^2 = 0.9827
\end{cases}
\tag{3-85}
$$

$F$ 统计值分别为 386.386 和 401.319，自变量个数为 3 个，统计数组分别为 36 组，回归精度较高，也证明高温冻土的最大剪切模量与上述三个因素关系密切，实验值与回归值之间的误差在容许范围之内，在一定范围内能够应用于工程设计。

高温冻土的最大阻尼比受温度、围压、振动次数等因素的联合影响，可以用公式 $\lambda_{\text{dmax}} = f(T_c, \sigma_3, N)$ 来表示。根据以上实验成果，采用多元回归分析方法，可以获得高温冻土的最大阻尼比与各个因素之间的关系式，动三轴和动直剪相应的关系式分别如式（3-86）和式（3-87）所示：

$$
\begin{cases}
\lambda_{\text{dmax}} = 0.3948 - 0.06074T_c + 0.0174T_c^2 \\
\qquad - 0.0089\left(\dfrac{\sigma_3}{100}\right) + 0.00019\left(\dfrac{\sigma_3}{100}\right)^2 + 0.00429N \\
R^2 = 0.9708
\end{cases}
\tag{3-86}
$$

$$
\begin{cases}
\lambda_{\text{dmax}} = 0.4156 - 0.06744T_c + 0.02078T_c^2 \\
\qquad - 0.00744\left(\dfrac{\sigma_3}{100}\right) + 0.005667\left(\dfrac{\sigma_3}{100}\right)^2 + 0.004457N \\
R^2 = 0.9838
\end{cases}
\tag{3-87}
$$

$F$ 统计值分别为 92.1886 和 110.7412，自变量个数为 3 个，统计数组为 36 组。从拟合公式中也可以看出，温度变化对最大阻尼比的影响最大，其次是围压变化，而振动次数对其影响较小。

动剪切模量 $G$ 和阻尼比 $\lambda$ 是动剪应变 $\gamma$ 的函数，而在等效线性化模型中，一般通过插值的方法，在不同的离散点取得相应的动剪切模量 $G$ 和阻尼比 $\lambda$ 进行计算。通过上述实验过程，可以得到不同负温、不同围压、不同振动次数下动剪切模量 $G$ 与动剪切应变 $\gamma$ 的关系曲线，其中图 3-52 和图 3-53 分别是动三轴实验、动直剪实验在围压为 100kPa、振动次数为 10 次、不同温度情况下的动剪切模量与动剪切应变关系曲线；图 3-54 和图 3-55 为动三轴实验、动直剪实验在温度 –1.0℃、振动次数为 10 次时不同围压情况下的动剪切模量与动剪切应变关系曲线；图 3-56 和图 3-57 为动三轴实验、动直剪实验在温度 –0.5℃、围压 100kPa 时不同振动次数情况下的动剪切模量与动剪切应变关系曲线。

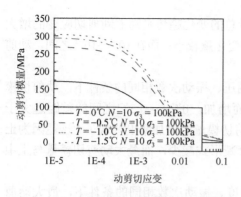

图 3-52　动三轴实验不同温度下动剪切模量
　　　　与动剪切应变关系曲线

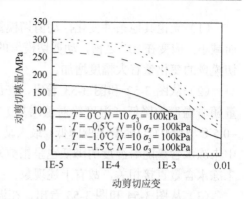

图 3-53　动直剪实验不同温度下动剪切模量
　　　　与动剪切应变关系曲线

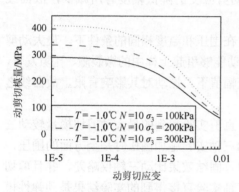

图 3-54　动三轴实验不同围压下动剪切模量
　　　　与动剪切应变关系曲线

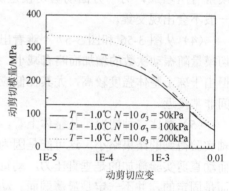

图 3-55　动直剪实验不同垂直压力下动剪切
　　　　模量与动剪切应变关系曲线

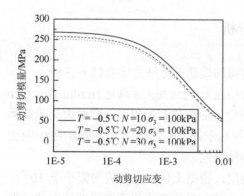

图 3-56　动三轴实验不同振动次数下动剪切
　　　　模量与动剪切应变关系曲线

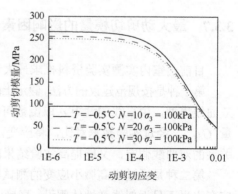

图 3-57　动直剪实验不同振动次数下动剪切
　　　　模量与动剪切应变关系曲线

（1）无论其他条件变化，动剪切模量总的变化趋势是随着动剪切应变的增大而减小。应变在$10^{-4}$之前，动剪切模量的变化量较小；而在$10^{-4}\sim10^{-2}$之间，动剪切模量的变化量有大幅度增加。

（2）从图 3-52 和图 3-53 看出，在围压、振动次数相同的条件下，动剪切模量随着温度的降低（温度绝对值增加）而增加。0℃与−0.5℃之间的差距远大于−0.5℃与−1.0℃，随着温度降低，最大动剪切模量的增加幅度降低了。这是因为土中未冻水含量随着温度的降低也呈指数衰减形式减少，而最大动剪切模量与土中未冻水含量直接相关，故有上述现象。

（3）从图 3-54 和图 3-55 看出，在温度、振动次数相同的条件下，最大动剪切模量随围压的增加而有所增加。在低围压下，围压对土体有强化作用，能够闭合微裂隙和缝隙，增强了土体的刚度。随着围压的增加，一方面最大动剪切模量有所增加，另一方面动剪切模量随动剪应变的降低幅度有所减少，故曲线一般不会出现交集。

（4）从图 3-56 和图 3-57 不难看出，在围压和温度相同的条件下，最大动剪切模量随振动次数的增加而略有减小。振动能够引起土样中的微裂隙、孔隙发育，但由于冻土整体强度较高，尤其在低应变幅值下，振动对其影响有限，故曲线之间非常接近。

（5）对比三种情况，从整体上看，动直剪实验得到的最大动剪切模量较动三轴实验得到的结果略小，这可能是因为动三轴实验施加围压时是全方面的围压，而动直剪实验施加的是垂直压力。动直剪仪固结效果比动三轴仪略差，并且剪切面是固定的，并不一定是最薄弱面。动三轴实验直接得到的实验结果是动弹性模量，转化为动剪切模量的过程中也会有偏差。但总的来说，两种实验在高温冻土、低围压动荷载实验时的差异并不大。

### 3.3.7 最大动剪切模量的影响因素分析

目前由室内实测实验资料推求最大动剪切模量的方法主要有以下三种。

第一种是按规范建议的方法，假定土的动应力-动应变关系满足 Hardin-Drnevich 双曲线模型，由直线的截矩 $a$ 取倒数可得骨架曲线的初始斜率，即最大动剪切模量 $G_{dmax}$。经过实验数据对比，将应变范围选取在 $\gamma \leqslant 2\times10^{-4}$ 之内符合应力-应变关系的双曲线假定，又能提高实验结果的精确性。

第二种是通过提高微小应变的测试精度，根据土体在动应变幅小于 $10^{-5}$，应变水平下呈近似线弹性体假设，直接由 $\gamma_m \leqslant 10^{-5}$ 应变水平下求得的动剪切模量值来作为最大动剪切模量 $G_{dmax}$。

第三种是利用 Origin 软件曲线拟合的功能求取最大动剪切模量 $G_{dmax}$ 的方法，即采用 S 形曲线拟合。张小玲[23]采用此方法对实验结果进行对比，证明在 $\gamma \leqslant 2 \times 10^{-4}$ 的应变范围内，$1/G$ 与 $\gamma$ 呈现良好的线性关系，经回归分析可知，图中拟合直线的相关系数 $R$ 均在 0.99 以上。在直线的 $\gamma = 0$ 处截取纵坐标的倒数即为最大动剪切模量值 $G_{dmax}$。刘婕的实验中，在 $10^{-2} \geqslant \gamma \geqslant 2 \times 10^{-4}$ 的应变范围内，采用 S 形曲线拟合方法，结果较为精确。

### 1. 最大动剪切模量单因素影响分析

最大动剪切模量与温度关系拟合曲线见图 3-58，回归参数见表 3-12。最大动剪切模量与围压关系拟合曲线见图 3-59，回归参数见表 3-13。最大动剪切模量与振动次数关系拟合曲线见图 3-60，回归参数见表 3-14。最大动剪切模量与频率关系拟合曲线见图 3-61，回归参数见表 3-15。最大动剪切模量与含水量关系拟合曲线见图 3-62，回归参数见表 3-16。

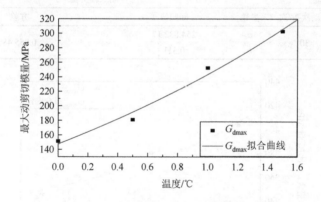

图 3-58　最大动剪切模量与温度关系拟合曲线

**表 3-12　最大动剪切模量与温度关系回归参数一览表**

| 拟合方程 | | | 最大动剪切模量-温度关系 $G_{dmax} = A_1 \cdot \exp(-|T_c|/B_1) + G_{d0}$ | |
|---|---|---|---|---|
| 实验类型 | | | 动三轴实验 | |
| 围压/MPa | 振动次数/次 | 参数 | 回归值 | 方差 |
| | | $A_1$ | 228.835 16 | |
| 0.5 | 30 | $B_1$ | 2.857 94 | 0.954 52 |
| | | $G_{d0}$ | −81.320 5 | |

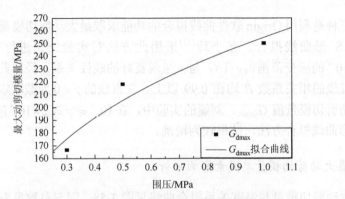

图 3-59　最大动剪切模量与围压关系拟合曲线

**表 3-13　最大动剪切模量与围压关系回归参数一览表**

| 拟合方程 | | | 最大动剪切模量-围压关系 $G_{dmax} = a \cdot \sigma_3^b$ | |
|---|---|---|---|---|
| 实验类型 | | | 动三轴实验 | |
| $T/℃$ | 振动次数/次 | 参数 | 回归值 | 方差 |
| −1.0 | 30 | $a$ | 254.832 17 | 0.855 48 |
| | | $b$ | 0.311 | |

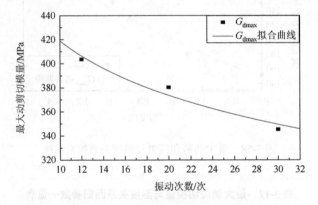

图 3-60　最大动剪切模量与振动次数关系拟合曲线

**表 3-14　最大动剪切模量与振动次数关系回归参数一览表**

| 拟合方程 | | | 最大动剪切模量-振动次数关系 $G_{dmax} = a \cdot N^b$ | |
|---|---|---|---|---|
| 实验类型 | | | 动三轴实验 | |
| 围压/MPa | $T/℃$ | 参数 | 回归值 | 方差 |
| 0.5 | −1.5 | $a$ | 612.015 67 | 0.918 01 |
| | | $b$ | −0.164 83 | |

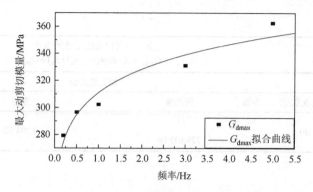

图 3-61　最大动剪切模量与频率关系拟合曲线

**表 3-15　最大动剪切模量与频率关系回归参数一览表**

| 拟合方程 | | | 最大动剪切模量-频率关系 $G_{dmax} = a \cdot f^b$ | |
|---|---|---|---|---|
| 实验类型 | | | 动三轴实验 | |
| 围压/MPa | $T$/℃ | 参数 | 回归值 | 方差 |
| 0.5 | −1.5 | $a$ | 311.100 48 | 0.918 3 |
| | | $b$ | 0.078 17 | |

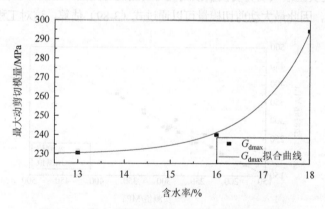

图 3-62　最大动剪切模量与含水率关系拟合曲线

**表 3-16　最大动剪切模量与含水率关系回归参数一览表**

| 拟合方程 | | | 最大动剪切模量-含水率关系 $G_{dmax} = A_1 \cdot \exp((w - w_0)/B_1) + G_{d0}$ | |
|---|---|---|---|---|
| 实验类型 | | | 动三轴实验 | |
| 围压/MPa | 振动次数/次 | 参数 | 回归值 | 方差 |
| 0.5 | 30 | $A_1$ | 0.888 99 | 0.994 52 |
| | | $B_1$ | 1.166 41 | |

续表

| 拟合方程 | | | 最大动剪切模量-含水率关系 $G_{\mathrm{dmax}} = A_1 \cdot \exp((w - w_0) / B_1) + G_{\mathrm{d0}}$ | |
| --- | --- | --- | --- | --- |
| 实验类型 | | | 动三轴实验 | |
| 围压/MPa | 振动次数/次 | 参数 | 回归值 | 方差 |
| 0.5 | 30 | $w_0$ $G_{\mathrm{d0}}$ | 13 229.635 06 | 0.994 52 |

### 2. 最大动剪切模量多因素影响分析

基于以上实验结果及分析，可以看出，冻土的最大动剪切模量受温度、围压、振动次数等因素的联合影响，$G_{\mathrm{dmax}} = f(N, \sigma_3, T, f, w)$，根据以上实验成果，采用多元回归分析方法，可以获得高温冻土的最大动剪切模量与各个因素之间的关系式：

$$G_{\mathrm{dmax}} = G_0 + g_N(N) + g_\sigma(\sigma_3) + g_T(T) + g_f(f) + g_w(w) \tag{3-88}$$

$$G_{\mathrm{dmax}} = 35.31362 \times \mathrm{e}^{-0.01527N} \times \left(\frac{\sigma_3}{100}\right)^{0.2559} \times |T|^{0.415927} \times \mathrm{e}^{0.062008f} \times w^{0.655976} \tag{3-89}$$

图 3-63 是实验最大动剪切模量预测值与实测值对比图，由图可以看出，实测值和预测值很接近，因此最大动剪切模量可以通过式（3-89）估算，这对工程有很大意义。

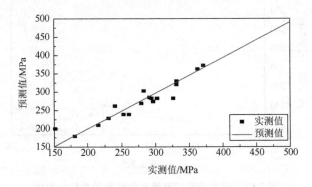

图 3-63　预测最大动剪切模量预测值与实测值对比图

## 3.4　动阻尼比及其影响因素

### 3.4.1　温度对最大阻尼比的影响

崔颖辉的实验中，从动三轴实验、动直剪实验数据来看，最大阻尼比 $\lambda_{\mathrm{dmax}}$ 随温度绝对值的变化关系宜采用二次函数形式：

$$\lambda_{\text{dmax}} = \lambda_1 + \lambda_2 \cdot |T_c| + \lambda_3 \cdot |T_c|^2 \qquad (3\text{-}90)$$

其中，$\lambda_1$、$\lambda_2$、$\lambda_3$ 为实验参数，$T_c$ 为自变量，即土样温度。最大阻尼比 $\lambda_{\text{dmax}}$ 随温度绝对值变化曲线如图 3-64、图 3-65 所示，拟合参数见表 3-17。

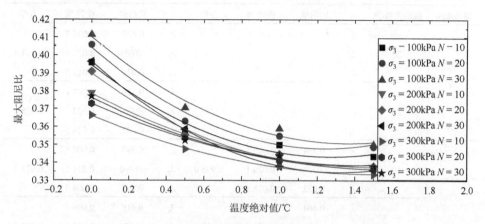

图 3-64　动三轴实验最大阻尼比随温度绝对值变化曲线

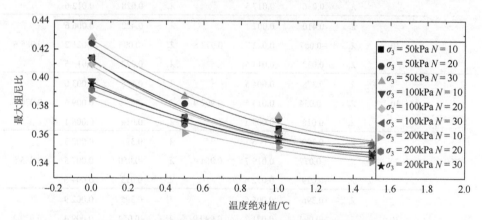

图 3-65　动直剪实验最大阻尼比随温度绝对值变化曲线

表 3-17　最大阻尼比与温度关系回归参数一览表

| 拟合方程 | | 最大阻尼比-温度关系 $\lambda_{\text{dmax}} = \lambda_1 + \lambda_2 \cdot |T_c| + \lambda_3 \cdot |T_c|^2$ | | | | | |
|---|---|---|---|---|---|---|---|
| 实验类型 | | 动三轴实验 | | | 动直剪实验 | | |
| 围压/kPa | 振动次数/次 | 回归值 | 误差/% | 方差 | 回归值 | 误差/% | 方差 |
| 50 | 10 | $\lambda_1$ | | | $\lambda_1$　0.412 | 0.009 1 | |
| | | $\lambda_2$ | | | $\lambda_2$　−0.079 | 0.029 1 | 0.988 7 |
| | | $\lambda_3$ | | | $\lambda_3$　0.026 | 0.018 6 | |

| 拟合方程 | | 最大阻尼比-温度关系 $\lambda_{dmax} = \lambda_1 + \lambda_2 \cdot |T_c| + \lambda_3 \cdot |T_c|^2$ | | | | | | |
|---|---|---|---|---|---|---|---|---|
| 实验类型 | | 动三轴实验 | | | | 动直剪实验 | | |
| 围压/kPa | 振动次数/次 | | 回归值 | 误差/% | 方差 | | 回归值 | 误差/% | 方差 |
| 50 | 20 | $\lambda_1$ | | | | $\lambda_1$ | 0.422 | 0.008 5 | |
| | | $\lambda_2$ | | | | $\lambda_2$ | −0.081 | 0.027 4 | 0.914 9 |
| | | $\lambda_3$ | | | | $\lambda_3$ | 0.024 | 0.017 5 | |
| | 30 | $\lambda_1$ | | | | $\lambda_1$ | 0.426 | 0.007 1 | |
| | | $\lambda_2$ | | | | $\lambda_2$ | −0.080 | 0.022 7 | 0.975 8 |
| | | $\lambda_3$ | | | | $\lambda_3$ | 0.022 | 0.014 5 | |
| 100 | 10 | $\lambda_1$ | 0.394 | 0.009 1 | | $\lambda_1$ | 0.397 | 0.004 5 | |
| | | $\lambda_2$ | −0.080 | 0.029 1 | 0.995 0 | $\lambda_2$ | −0.060 | 0.014 5 | 0.973 3 |
| | | $\lambda_3$ | 0.032 | 0.018 6 | | $\lambda_3$ | 0.018 | 0.009 3 | |
| | 20 | $\lambda_1$ | 0.404 | 0.008 5 | | $\lambda_1$ | 0.418 | 0.006 1 | |
| | | $\lambda_2$ | −0.091 | 0.027 4 | 0.982 2 | $\lambda_2$ | −0.079 | 0.019 7 | 0.973 8 |
| | | $\lambda_3$ | 0.036 | 0.017 5 | | $\lambda_3$ | 0.028 | 0.012 6 | |
| | 30 | $\lambda_1$ | 0.410 | 0.007 1 | | $\lambda_1$ | 0.422 | 0.006 6 | |
| | | $\lambda_2$ | −0.087 | 0.022 7 | 0.972 8 | $\lambda_2$ | −0.096 | 0.021 2 | 0.985 6 |
| | | $\lambda_3$ | 0.032 | 0.014 5 | | $\lambda_3$ | 0.027 | 0.013 5 | |
| 200 | 10 | $\lambda_1$ | 0.378 | 0.004 5 | | $\lambda_1$ | 0.385 | 0.003 0 | |
| | | $\lambda_2$ | −0.054 | 0.014 5 | 0.992 9 | $\lambda_2$ | −0.049 | 0.009 6 | 0.970 7 |
| | | $\lambda_3$ | 0.018 | 0.009 3 | | $\lambda_3$ | 0.014 | 0.006 1 | |
| | 20 | $\lambda_1$ | 0.390 | 0.006 1 | | $\lambda_1$ | 0.391 | 0.002 3 | |
| | | $\lambda_2$ | −0.077 | 0.019 7 | 0.964 4 | $\lambda_2$ | −0.050 | 0.007 5 | 0.985 5 |
| | | $\lambda_3$ | 0.029 | 0.012 6 | | $\lambda_3$ | 0.013 | 0.004 8 | |
| | 30 | $\lambda_1$ | 0.396 | 0.006 6 | | $\lambda_1$ | 0.395 | 0.002 9 | |
| | | $\lambda_2$ | −0.094 | 0.021 2 | 0.999 9 | $\lambda_2$ | −0.054 | 0.009 4 | 0.979 2 |
| | | $\lambda_3$ | 0.036 | 0.013 5 | | $\lambda_3$ | 0.014 | 0.006 0 | |
| 300 | 10 | $\lambda_1$ | 0.366 | 0.003 0 | | | | | |
| | | $\lambda_2$ | −0.043 | 0.009 6 | 0.995 8 | | | | |
| | | $\lambda_3$ | 0.014 | 0.006 1 | | | | | |
| | 20 | $\lambda_1$ | 0.373 | 0.002 3 | | | | | |
| | | $\lambda_2$ | −0.046 | 0.007 5 | 0.999 9 | | | | |
| | | $\lambda_3$ | 0.014 | 0.004 8 | | | | | |
| | 30 | $\lambda_1$ | 0.376 | 0.002 9 | | | | | |
| | | $\lambda_2$ | −0.053 | 0.009 4 | 0.970 4 | | | | |
| | | $\lambda_3$ | 0.019 | 0.006 0 | | | | | |

从图 3-64、图 3-65 和表 3-17 中可以看出随着温度的降低（温度绝对值增加），土的最大阻尼比也有所降低。就动三轴实验而言，最大阻尼比从 0.4 降低到 0.35 左右，最大阻尼比的降低较为明显；动直剪实验的最大阻尼比有着同样的规律，但数值较动三轴实验略大。

当实验条件为每个周期受到 10 次振动循环、围压为 100kPa 时，通过动三轴实验和动直剪实验，最大阻尼比与温度的关系可以分别拟合为式（3-91）和式（3-92）：

$$\begin{cases} \lambda_{\mathrm{dmax}} = 0.394 - 0.080T_c + 0.032T_c^2 \\ R^2 = 0.9950 \end{cases} \quad (3\text{-}91)$$

$$\begin{cases} \lambda_{\mathrm{dmax}} = 0.397 - 0.060T_c + 0.018T_c^2 \\ R^2 = 0.9733 \end{cases} \quad (3\text{-}92)$$

在 $-1.5℃\sim0.0℃$ 范围内，其最大差值在 10% 以内，在实验条件的范围内，动直剪实验得到的阻尼比较动三轴实验得到的略大，但两个实验的结果依然具有较高的一致性。

刘婕的实验条件：围压为 0.5MPa，含水率为最佳含水率 18%，频率为 1Hz，温度为 $-6.0℃$、$-1.5℃$、$-1.0℃$、$-0.5℃$、$0℃$。

由图 3-66 可知：随着冻土温度的降低，冻土的阻尼比明显减小[24]，这是由于随着温度降低，试样强度愈高、越坚硬，其塑性特点愈不明显，表现出的弹性性质越强，其吸收地震波能量的能力变小，实验加荷一周能量耗散降低的幅值愈大，导致阻尼比数值随温度的降低而减小。

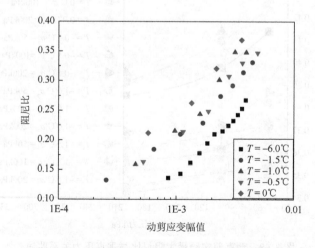

图 3-66　不同温度下阻尼比与动剪应变幅值关系

### 3.4.2 围压对最大阻尼比的影响

阻尼比是评价场地抗震性能的重要参数。阻尼比的大小可以用来表示振幅衰减的快慢，阻尼比越大，振幅衰减得越快。崔颖辉的实验中，图 3-67 和图 3-68 分别为动三轴实验、动直剪实验中得到的最大阻尼比与围压的关系曲线。

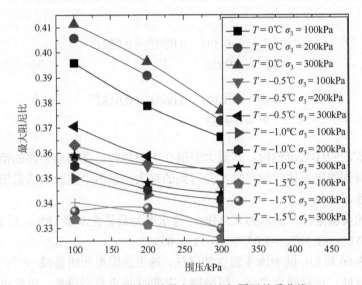

图 3-67　动三轴实验最大阻尼比与围压关系曲线

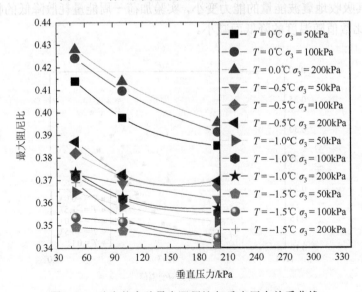

图 3-68　动直剪实验最大阻尼比与垂直压力关系曲线

　　不同温度和振动次数情况下，土样的最大阻尼比和围压的关系很难用曲线拟合，从整体趋势上可以看出，在低围压范围内，随着围压的增大，最大阻尼比有所降低。和围压对最大弹性模量的关系相似，随着围压的增大，土体的可塑性减弱，弹性增强，土样吸收地震波的能力降低，致使其最大阻尼比有所降低，但不如温度对其影响剧烈。

　　刘婕在温度为−1.0℃，含水率为最佳含水率 18%，频率为 1Hz，围压为 0.3MPa、0.5MPa、1.0MPa 的实验条件下进行实验，得到不同围压下阻尼比与动剪应变幅值关系如图 3-69 所示。

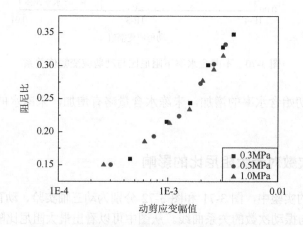

图 3-69　不同围压下阻尼比与动剪应变幅值关系

　　由图 3-69 可以看出，随着围压的增大，阻尼比减小，但是减小的幅度很小，即围压对阻尼比的影响较小。

### 3.4.3　含水率对阻尼比的影响

　　刘婕[13]的实验条件：围压为 0.5MPa，频率为 1Hz，温度为−1.5℃，含水率为13%、16%、18%、20%。

　　图 3-70 为不同含水率下阻尼比与动剪应变幅值关系曲线。由图 3-70 可以看出，含水量降低有利于阻尼比减小。当含水率小于最佳含水率 18%时，阻尼比变化幅值较小，当阻尼比大于最佳含水率 18%时，阻尼比变化幅值较大。一方面，当土体未饱水时，颗粒间孔隙没有全部被水或冰充填，含水率越小，剩余孔隙率越大，这些孔隙有利于荷载作用下颗粒间的相对滑移，即有利于阻尼比的减小。而对于超过饱和含水量的土体，土颗粒间的联结被破坏，冻土的刚性减小，阻尼比变大。所以，总体上来看，阻尼比一直随含水率的增加而变大。另一方面，温

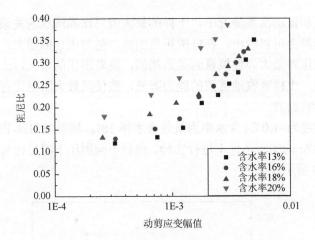

图 3-70　不同含水率下阻尼比与动剪应变幅值关系

度相同时，随初始含水率的增加，未冻水含量略有增加，未冻水的黏滞性也会使阻尼比增加[19]。

### 3.4.4　振动次数对最大阻尼比的影响

崔颖辉[12]的实验中，图 3-71 和图 3-72 分别为动三轴实验、动直剪实验中得到的最大阻尼比与振动次数的关系曲线。从图中可以看出最大阻尼比随振动次数的变化趋势用函数难以拟合，从趋势上看，随着振动次数的增加，最大阻尼比略有增加。

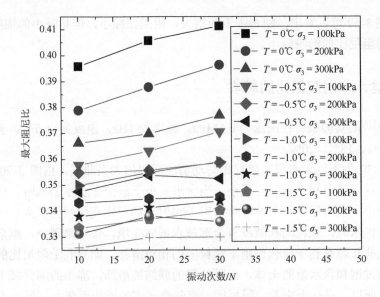

图 3-71　动三轴实验最大阻尼比与振动次数关系曲线

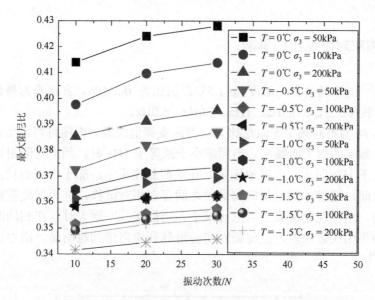

图 3-72　动直剪实验最大阻尼比与振动次数关系曲线

　　刘婕[13]的实验中，实验条件为：温度为-1.0℃，含水率为最佳含水率 18%，频率为 1Hz，围压为 0.5MPa，振动次数为 12 次、20 次、30 次。

　　图 3-73 为不同振动次数下阻尼比与动剪应变幅值的关系。从图中可以看出阻尼比随振动次数的增加而增加。这是由于随着振动次数的增加，部分冰晶发生融化、土粒之间的胶结作用减弱，导致土样的塑性性质增强，弹性性质减弱，吸收地震波的能力增强，导致阻尼比增加。

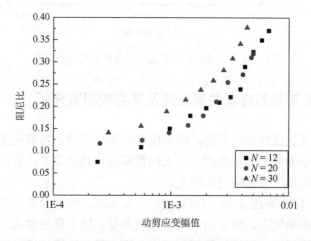

图 3-73　不同振动次数下阻尼比与动剪应变幅值关系

### 3.4.5　频率对阻尼比的影响

刘婕[13]的实验条件：温度为-1.5℃，围压为 0.5MPa，含水率为最佳含水率18%，频率为 0.2Hz、0.5Hz、1Hz、3.0Hz、5.0Hz。

图 3-74 为不同频率下阻尼比与动剪应变幅值关系。由图可得，高温冻土阻尼比随着频率的增大而减小。当频率小于或等于 1Hz 时，频率对阻尼比的影响较频率大于 1Hz 时大，主要原因是，在动荷载作用下，冻土中冰颗粒之间、矿物颗粒之间，或者冰颗粒与矿物颗粒之间存在相对滑移，进而促使颗粒排列趋向于定向，这种现象使冻土阻尼比减小。当加载频率增大时，在相同时间内，动荷载的作用次数增多，促使颗粒间的滑移和定向排列越明显，阻尼比进而减小越多[19]。

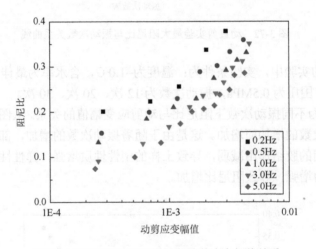

图 3-74　不同频率下阻尼比与动剪应变幅值关系

### 3.4.6　阻尼比与动剪应变关系曲线及其影响因素分析

（1）无论其他条件如何变化，阻尼比总的变化规律是随着应变的增大而显著增大，这是由于随着动剪应变增大，土的黏滞阻尼耗能增多，波在传播过程中消耗的能量也就增加，导致阻尼比增大。

（2）从图 3-75 和图 3-76 中可以看出，在围压、振动次数不变的情况下，温度对阻尼比的影响较大。这是由于随着温度降低，冻土强度愈高，冻土越坚硬，其塑性特点愈不明显，弹性性质越强，因此冻土吸收地震波能量的能力就越小，实验加荷一周能量耗散降低的幅值愈大，导致阻尼比随温度的降低而减小。

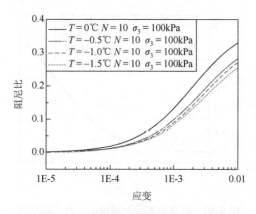

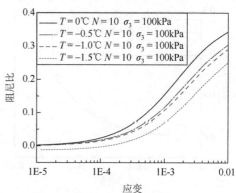

图 3-75  动三轴实验不同温度下阻尼比与应 　　图 3-76  动直剪实验不同温度下阻尼比与应
　　　　　变关系曲线 　　　　　　　　　　　　　　变关系曲线

（3）从图 3-77 和图 3-78 中可以看出，在温度、振动次数相同的情况下，围压对阻尼比的影响较小，高围压的情况下的阻尼比小于低围压情况，在剪应变 $10^{-2} \sim 10^{-4}$ 段较为明显，而两端阻尼比较为接近。这主要由于低围压情况下围压对土样的强化作用导致的，围压使得试样土颗粒之间接触更加紧密，波传播的路径随之增加，因而在波传播过程中能量损耗减少，阻尼比减小。

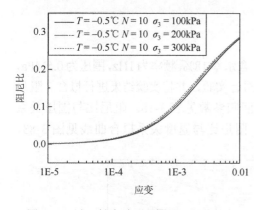

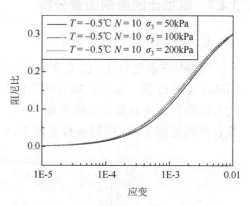

图 3-77  动三轴实验不同围压下阻尼比与 　　　图 3-78  动直剪实验不同围压下阻尼比与
　　　　　应变关系曲线 　　　　　　　　　　　　　应变关系曲线

（4）从图 3-79 和图 3-80 中可以看出，在温度、围压相同的情况下，随着振动次数的增加，阻尼比略微增大，在剪应变 $10^{-3}$ 后较为明显，而之前阻尼比较为接近。振动次数可以促使土样内部的微裂隙、孔隙更加发育，导致土样刚度下降，塑性增强，弹性减弱，波传播的路径减少，传播过程中能量损失增加，因而阻尼比增大。

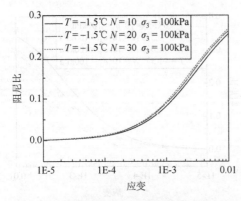

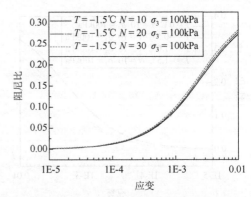

图 3-79　动三轴实验不同振动次数下阻尼比　　图 3-80　动直剪实验不同振动次数下阻尼比
　　　　与应变关系曲线　　　　　　　　　　　　　　与应变关系曲线

（5）从整体上看，动直剪实验得到的阻尼比大于相同条件下动三轴实验的结果，一方面是因为两种实验的围压加载方式不同，这一点同对动剪切模量造成影响的原因相同，动直剪实验施加垂直压力的效果差于动三轴实验施加全面围压的效果；另一方面仪器的制造精度、实验过程中的偏差、动荷载的施加方式均对实验结果有影响，也造成两种实验的结果有一定的差别。

### 3.4.7　阻尼比的影响因素分析

1. 阻尼比单因素影响分析

刘婕[13]在温度为−1.0℃，含水率为最佳含水率18%，频率为1Hz，围压为0.5MPa，振动次数为12次、20次、30次的条件下进行实验，并将实验结果进行拟合。阻尼比与振动次数关系拟合曲线见图3-81，回归参数见表3-18。阻尼比与围压关系拟合曲线见图3-82，回归参数见表3-19。阻尼比与温度关系拟合曲线见图3-83，

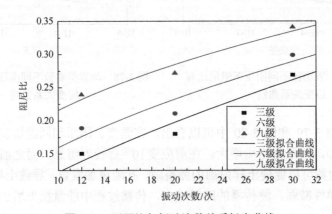

图 3-81　阻尼比与振动次数关系拟合曲线

回归参数见表 3-20。阻尼比与频率关系拟合曲线见图 3-84，回归参数见表 3-21。阻尼比与含水率关系拟合曲线见图 3-85，回归参数见表 3-22。

**表 3-18  阻尼比与振动次数关系回归参数一览表**

| 拟合方程 | | 阻尼比-振动次数关系 $\lambda = a \cdot N^b$ | | |
|---|---|---|---|---|
| 实验类型 | | 动三轴实验 | | |
| 振级 | 参数 | 回归值 | | 方差 |
| 3 | $a$ | 0.024 98 | | 0.871 51 |
| | $b$ | 0.690 84 | | |
| 6 | $a$ | 0.046 03 | | 0.788 78 |
| | $b$ | 0.540 45 | | |
| 9 | $a$ | 0.085 84 | | 0.906 38 |
| | $b$ | 0.400 25 | | |

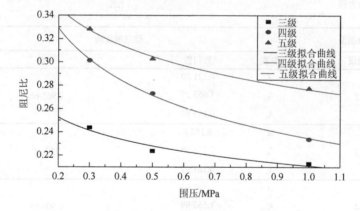

图 3-82  阻尼比与围压关系拟合曲线

**表 3-19  阻尼比与围压关系回归参数一览表**

| 拟合方程 | | 阻尼比-围压关系 $\lambda = a \cdot \sigma_3^b$ | | |
|---|---|---|---|---|
| 实验类型 | | 动三轴实验 | | |
| 振级 | 参数 | 回归值 | | 方差 |
| 3 | $a$ | 0.211 1 | | 0.885 51 |
| | $b$ | $-0.111\ 23$ | | |
| 4 | $a$ | 0.234 58 | | 0.996 2 |
| | $b$ | $-0.210\ 01$ | | |
| 5 | $a$ | 0.276 28 | | 0.991 9 |
| | $b$ | $-0.140\ 36$ | | |

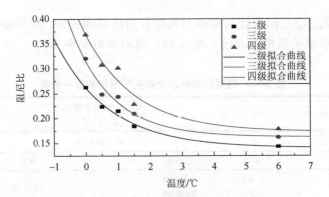

图 3-83　阻尼比与温度关系拟合曲线

**表 3-20　阻尼比与温度关系回归参数一览表**

| 拟合方程 | 阻尼比-温度关系 $\lambda = A e^{\left(\frac{-t}{t_0}\right)} + \lambda_0$ | | |
|---|---|---|---|
| 实验类型 | 动三轴实验 | | |
| 振级 | 参数 | 回归值 | 方差 |
| 2 | $A$ | 0.121 39 | |
| | $t_0$ | 1.653 25 | 0.965 65 |
| | $\lambda_0$ | 0.139 92 | |
| 3 | $A$ | 0.152 8 | |
| | $t_0$ | 1.276 68 | 0.931 9 |
| | $\lambda_0$ | 0.161 92 | |
| 4 | $A$ | 0.197 05 | |
| | $t_0$ | 1.557 99 | 0.903 98 |
| | $\lambda_0$ | 0.172 13 | |

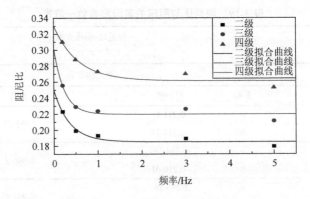

图 3-84　阻尼比与频率关系拟合曲线

**表 3-21　阻尼比与频率关系回归参数一览表**

| 拟合方程 | 阻尼比-频率关系 $\lambda = Ae^{\left(\frac{-f}{t_0}\right)} + \lambda_0$ | | |
|---|---|---|---|
| 实验类型 | 动三轴实验 | | |
| 振级 | 参数 | 回归值 | 方差 |
| 2 | $A$ | 0.064 35 | |
| | $t_0$ | 0.360 72 | 0.866 09 |
| | $\lambda_0$ | 0.185 39 | |
| 3 | $A$ | 0.082 79 | |
| | $t_0$ | 0.237 72 | 0.769 27 |
| | $\lambda_0$ | 0.219 67 | |
| 4 | $A$ | 0.069 24 | |
| | $t_0$ | 0.555 16 | 0.841 96 |
| | $\lambda_0$ | 0.261 13 | |

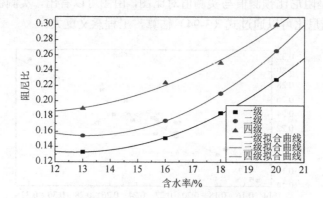

图 3-85　阻尼比与含水率关系拟合曲线

**表 3-22　阻尼比与含水率关系回归参数一览表**

| 拟合方程 | 阻尼比-含水率关系 $\lambda = \lambda_0 + Ax + Bx^2$ | | |
|---|---|---|---|
| 实验类型 | 动三轴实验 | | |
| 振级 | 参数 | 回归值 | 方差 |
| 2 | $A$ | −0.046 08 | |
| | $t_0$ | 0.001 81 | 0.998 65 |
| | $\lambda_0$ | 0.425 79 | |

| 续表 |
| --- |

| 拟合方程 | 阻尼比-含水率关系 $\lambda = \lambda_0 + Ax + Bx^2$ | | |
| --- | --- | --- | --- |
| 实验类型 | 动三轴实验 | | |
| 振级 | 参数 | 回归值 | 方差 |
| 3 | $A$ | −0.062 12 | |
| | $t_0$ | 0.002 36 | 0.999 83 |
| | $\lambda_0$ | 0.562 69 | |
| 4 | $A$ | −0.030 24 | 0.986 56 |
| | $t_0$ | 0.00138 | |
| | $\lambda_0$ | 0.35010 | |

## 2. 阻尼比多因素影响分析

图 3-86 是阻尼比预测值与实测值对比图，由图可以看出，实测值和预测值很接近，因此阻尼比可以通过式（3-94）估算，工程意义重大。

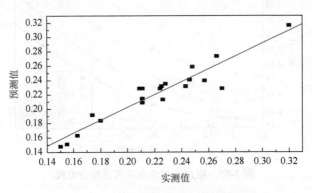

图 3-86　阻尼比预测值与实测值对比图

$$\gamma = A + BN + C\left(\frac{\sigma_3}{0.1}\right) + D_1 \mid T \mid + D_2 \mid T^2 \mid + D_3 \mid T^3 \mid + E_1 f + E_2 f^2 + F_1 w + F_2 w^2$$

$$\tag{3-93}$$

$$\gamma = 0.16984 + 0.004488N - 0.00456\left(\frac{\sigma_3}{0.1}\right) - 0.15123 \mid T \mid + 0.075286 \mid T^2 \mid - 0.00906 \mid T^3 \mid$$

$$- 0.01613f + 0.002109f^2 - 0.01503w + 0.000986w^2$$

$$\tag{3-94}$$

## 3.5 参考剪应变及其影响因素

### 3.5.1 温度对参考剪应变的影响

根据公式 $\gamma_{\mathrm{d}} = \varepsilon_{\mathrm{d}}(1+\mu)$，将动三轴实验中的轴向应变转化为剪应变与动直剪实验进行对比。参考剪应变 $\gamma_{\mathrm{dr}}$ 随温度绝对值的曲线关系同样采用二次函数形式：

$$\gamma_{\mathrm{dr}} = \gamma_1 + \gamma_2 \cdot |T_c| + \gamma_3 \cdot |T_c|^2 \tag{3-95}$$

其中，$\gamma_1$、$\gamma_2$、$\gamma_3$ 为实验参数，$T_c$ 为自变量，即土样温度。参考剪应变 $\gamma_{\mathrm{dr}}$ 随温度绝对值变化曲线见图 3-87、图 3-88，拟合参数表见表 3-23。

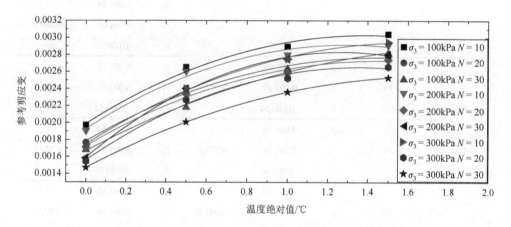

图 3-87 动三轴实验参考剪应变随温度绝对值变化曲线

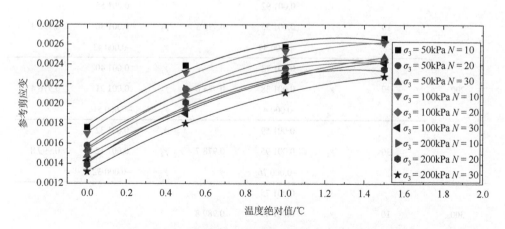

图 3-88 动直剪实验参考剪应变随温度绝对值变化曲线

**表 3-23　参考剪应变温度绝对值关系回归参数一览表**

| 拟合方程 | | 应变参考值-温度绝对值关系 $\gamma_{dr} = \gamma_1 + \gamma_2\cdot|T_c| + \gamma_3\cdot|T_c|^2$ | | | |
|---|---|---|---|---|---|
| 实验类型 | | 动三轴实验 | | 动直剪实验 | |
| 围压/kPa | 振动次数/次 | 回归值 | 方差 | 回归值 | 方差 |
| 50 | 10 | | | $\gamma_1$　0.001 78 | |
| | | | | $\gamma_2$　0.001 38 | 0.968 2 |
| | | | | $\gamma_3$　−0.000 53 | |
| | 20 | | | $\gamma_1$　0.001 59 | |
| | | | | $\gamma_2$　0.001 28 | 0.982 1 |
| | | | | $\gamma_3$　−0.000 48 | |
| | 30 | | | $\gamma_1$　0.001 48 | |
| | | | | $\gamma_2$　0.001 07 | 0.999 9 |
| | | | | $\gamma_3$　−0.000 27 | |
| 100 | 10 | $\gamma_1$　0.001 99 | | $\gamma_1$　0.001 71 | |
| | | $\gamma_2$　0.001 49 | 0.977 4 | $\gamma_2$　0.001 38 | 0.979 6 |
| | | $\gamma_3$　−0.000 54 | | $\gamma_3$　−0.000 52 | |
| | 20 | $\gamma_1$　0.001 78 | | $\gamma_1$　0.001 54 | |
| | | $\gamma_2$　0.001 36 | 0.977 6 | $\gamma_2$　0.001 27 | 0.979 3 |
| | | $\gamma_3$　−0.000 47 | | $\gamma_3$　−0.000 46 | |
| | 30 | $\gamma_1$　0.001 67 | | $\gamma_1$　0.001 42 | |
| | | $\gamma_2$　0.001 24 | 0.971 0 | $\gamma_2$　0.001 18 | 0.992 9 |
| | | $\gamma_3$　−0.000 31 | | $\gamma_3$　−0.000 34 | |
| 200 | 10 | $\gamma_1$　0.001 92 | | $\gamma_1$　0.001 55 | |
| | | $\gamma_2$　0.001 53 | 0.970 8 | $\gamma_2$　0.001 36 | 0.992 3 |
| | | $\gamma_3$　−0.000 59 | | $\gamma_3$　−0.000 43 | |
| | 20 | $\gamma_1$　0.001 73 | | $\gamma_1$　0.001 40 | |
| | | $\gamma_2$　0.001 38 | 0.983 6 | $\gamma_2$　0.001 21 | 0.976 4 |
| | | $\gamma_3$　−0.000 47 | | $\gamma_3$　−0.000 51 | |
| | 30 | $\gamma_1$　0.001 59 | | $\gamma_1$　0.001 32 | |
| | | $\gamma_2$　0.001 95 | 0.978 7 | $\gamma_2$　0.001 12 | 0.999 8 |
| | | $\gamma_3$　−0.000 76 | | $\gamma_3$　−0.000 32 | |
| 300 | 10 | $\gamma_1$　0.001 75 | | | |
| | | $\gamma_2$　0.001 49 | 0.989 8 | | |
| | | $\gamma_3$　−0.000 46 | | | |

续表

| 拟合方程 | | 应变参考值-温度绝对值关系 $\gamma_{dr} = \gamma_1 + \gamma_2 \cdot |T_c| + \gamma_3 \cdot |T_c|^2$ | | | |
|---|---|---|---|---|---|
| 实验类型 | | 动三轴实验 | | 动直剪实验 | |
| 围压/kPa | 振动次数/次 | 回归值 | 方差 | 回归值 | 方差 |
| 300 | 20 | $\gamma_1$　0.001 56 | | | |
| | | $\gamma_2$　0.001 61 | 0.986 2 | | |
| | | $\gamma_3$　−0.000 59 | | | |
| | 30 | $\gamma_1$　0.001 47 | | | |
| | | $\gamma_2$　0.001 25 | 0.972 2 | | |
| | | $\gamma_3$　−0.000 36 | | | |

参考剪应变 $\gamma_{dr}$ 反映了动剪切模量和阻尼比随剪应变变化的规律。从图 3-87 和图 3-88 可以看出，随着温度的降低（温度的绝对值增加），参考剪应变值有所增加。如动三轴实验的参考剪应变在围压 100kPa、振动次数为 10 次的情况下，温度从 0℃降低至−1.5℃，参考剪应变由 0.00197 增加到 0.00304；又如动直剪实验下，围压 200kPa、每周期振动 30 次情况下，温度从 0℃降低至−1.5℃，参考剪应变由 0.00132 增加到 0.00228。在参考剪应变值与温度的关系上，两种实验表现出了相同的规律。

式（3-96）和式（3-97）分别为动三轴实验与动直剪实验中，围压 200kPa、振动 20 次参考剪应变的拟合公式：

$$\begin{cases} \gamma_{dr} = 0.00173 + 0.00138 \cdot |T_c| - 0.00047 \cdot |T_c|^2 \\ R^2 = 0.9836 \end{cases} \tag{3-96}$$

$$\begin{cases} \gamma_{dr} = 0.00140 + 0.00121 \cdot |T_c| - 0.00051 \cdot |T_c|^2 \\ R^2 = 0.9764 \end{cases} \tag{3-97}$$

对比以上两个拟合公式可以看出，在相同的围压和振动次数下，动三轴实验得到的参考应变值略大于动直剪实验，在其他条件一样时，计算某个剪应变值对应的动剪切模量，动三轴实验的结果略大于动直剪实验的结果。

### 3.5.2　围压对参考剪应变的影响

参考剪应变是表征动剪切模量、阻尼比随应变变化曲线的重要参数，图 3-89 和图 3-90 分别为动三轴实验、动直剪实验得到的参考剪应变随围压变化的曲线。从图中可以看出，在实验条件范围内，其值难以用数学方法拟合，但其表现出随围压增大而略有下降的变化趋势。参考剪应变值越大，其描述的曲线关系中某一剪应变对应的动剪切模量值就越大，这也从一个侧面说明，围压增大能够提高土样整体的动剪切模量。

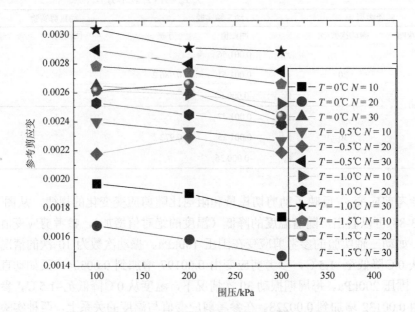

图 3-89　动三轴实验参考剪应变与围压关系曲线

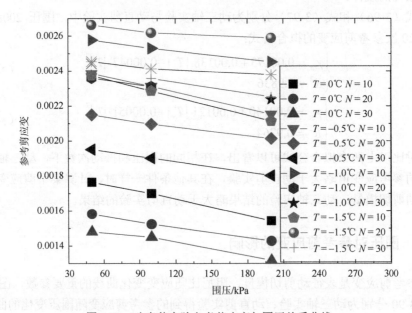

图 3-90　动直剪实验参考剪应变与围压关系曲线

### 3.5.3    振动次数对参考剪应变的影响

图 3-91 和图 3-92 分别为动三轴实验、动直剪实验中得到的参考剪应变与振动次数的关系曲线。它们之间的关系较难以曲线拟合，但观察曲线趋势，发现随

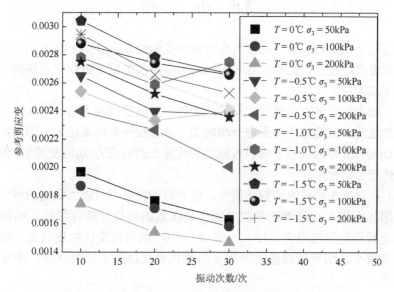

图 3-91    动三轴实验参考剪应变与振动次数关系曲线

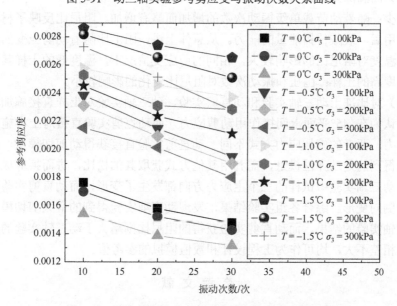

图 3-92    动直剪实验参考剪应变与振动次数关系曲线

着振动次数的增加，参考剪应变有减小的趋势，这个关系在两个实验中均得到了验证。这是由于随着振动次数的增加，土样内部产生微损伤，致使其相同剪应变对应的动剪切模量减少；同时，微损伤导致土样的塑性增加，弹性降低，吸收波的能力增加，而相同剪应变的阻尼比增加。

# 3.6 小　结

通过冻土动三轴实验、动直剪实验两种实验结果，总结了冻土动力学动本构关系，对温度、围压、振动次数等影响动力学参数的因素进行了系统的分析，并得出以下结论：

（1）冻土由于其刚度远远大于常温土体，所以受到动力荷载时能够表现出较强的弹性性质，但随着动应变进一步增加，其塑性变形越来越大。因而可以采用Hardin-Drnevich 双曲线模型可以较好地描述冻土的动应力-动应变关系，但应特别注意塑性变形的作用。

（2）高温冻土的最大动剪切模量，随负温的降低而有较大幅度的增大；随着围压的增加而增大；随着动荷载单级振动次数的增加而略有降低。动剪切模量总体上随着剪应变的增大而增大，在 $10^{-2} \sim 10^{-4}$ 范围内变化幅度较大，而在两端变化幅度较小。动剪切模量随剪应变的变化曲线也跟实验的温度、围压、振动次数有关。

（3）高温冻土的最大阻尼比，随负温的降低呈指数衰减性降低；随围压的增加而减少；随着动荷载单级振动次数的增加而略有增加。阻尼比反映了材料受到振动作用后，衰减传播能量的能力。从总体上讲，阻尼比随着动剪应变的降低而增加，温度对阻尼比的影响较大，相同的剪应变情况下，温度低的土样其阻尼比小于温度高的土样；围压和振动次数对阻尼比变化的影响较小。

（4）对比冻土动三轴实验和动直剪实验，动三轴实验对土样直接施加轴向动应力，认为在 45°平面上间接作用动剪应力，而动直剪实验直接对土样施加水平动剪应力，两者的施加应力方式不同。动直剪实验直接获得动剪切模量，而动三轴实验得到的是动弹性模量，需利用其他方式获取其泊松比，进而换算成动剪切模量。动三轴实验中试样的三个主应力方向都发生了变形，而动直剪实验中试样只发生侧向变形。综合各组实验结果，发现动直剪实验得到的最大剪切模量略小于动三轴实验的结果，而动直剪实验获得的阻尼比则略大于动三轴实验的结果，但整体相差不大，均可作为工程设计和数值模拟的参考值。

## 参 考 文 献

[1]　　Iwan W D. On a class of models for the yielding behavior of continuous and composite systems[J]. Journal of

Applied Mechanics. 1967，34（3）：612-617.

[2]　李小军，廖振鹏. 土应力应变关系的粘-弹-塑模型[J]. 地震工程与工程振动，1989（3）：65-72.

[3]　Ramberg W，Osgood W R. Description of stress-strain curves by three parameters[R]. 1943.

[4]　Jennings P C. Periodic response of a general yielding structure[J]. Journal of theEngineering Mechanics Division，ASCE，1964，90（2），131-166.

[5]　Hall W J. Structural and geotechnical mechanics：A volume honoring Nathan M. Newmark. proceedings of a sympos[M]. Prentice-Hall，1977.

[6]　栾茂田. 土动力非线性分析中的变参数 Ramberg-Osgood 本构模型[J]. 地震工程与工程振动. 1992，12（2）：69-78.

[7]　李小军，廖振鹏. 非线性结构动力方程求解的显式差分格式的特性分析[J]. 工程力学，1993（3）：141-148.

[8]　Kagawa T. On the similitude in model vibration tests of earth-structures[C]//Proceedings of the Japan Society of Civil Engineers. Japan Society of Civil Engineers，1978，1978（275）：69-77.

[9]　陈国兴，庄海洋. 基于 Davidenkov 骨架曲线的土体动力本构关系及其参数研究[J]. 岩土工程学报，2005（8）：860-864.

[10]　谢定义. 土动力学[M]. 北京：高等教育出版社，2011.

[11]　Hardin B O，Drnevich V P. Shear modulus and damping in soils：Design equations and curves[J]. Journal of the Soil Mechanics and Foundations Division，1972，98（7）：667-692.

[12]　崔颖辉. 基于冻土动荷载直剪仪的高温冻土动力特性研究[D]. 北京：北京交通大学，2015.

[13]　刘捷. 高温冻土动力特性研究[D]. 北京：北京交通大学，2016.

[14]　徐学燕，仲丛利，陈亚明，等. 冻土的动力特性研究及其参数确定[J]. 岩土工程学报. 1998，20（5）：77-81.

[15]　郑永来，夏颂佑. 岩土类材料的动弹性模量的进一步研究[J]. 岩土工程学报. 1997，19（1）：77-80.

[16]　任华列，刘希重，宣明敏，等. 循环荷载作用下击实粉土累积塑性变形研究[J]. 岩土力学，2021，42（4）：1045-1055.

[17]　罗飞，赵淑萍，马巍，等. 分级加载下冻土动弹性模量的试验研究[J]. 岩土工程学报. 2013，35（5）：849-855.

[18]　徐学燕，仲丛利. 冻土动弹模、动泊桑比的确定[J]. 哈尔滨建筑大学学报. 1997，30（4）：23-29.

[19]　赵淑萍，朱元林，何平，等. 冻土动力学参数测试研究[J]. 岩石力学与工程学报. 2003，22（z2）：2677-2681.

[20]　吴志坚，马巍，王兰民，等. 地震荷载作用下温度和围压对冻土强度影响的试验研究[J]. 冰川冻土，2003，25（6）：648-652.

[21]　Vucinich A. The Soviet Academy of Sciences[M]. California：Stanford University Press，1956.

[22]　崔托维奇 H A. 冻土力学[M]. 张长庆，朱元林 译，徐伯孟 校. 北京：科学出版社，1985.

[23]　张小玲. 三向非均等固结条件下密实粉煤灰动力变形特性的试验研究[D]. 大连：大连理工大学，2007.

[24]　徐春华，徐学燕，邱明国，等. 循环荷载下冻土的动阻尼比试验研究[J]. 哈尔滨建筑大学学报，2002，35（6）：22-25.

# 第4章 冻土动强度特性

动强度是指土样在一定频率和幅值的动荷载作用下，达到破坏时所对应的动应力值。它随动荷载的加载速率、循环次数的不同而不同，通常速率越高动强度越高，周期循环次数越多，动强度越低。不同的因素如土质、含水率、温度、围压、频率、应变幅值及最大应力等对冻土动力学参数均有不同程度的影响[1-5]。

## 4.1 冻土动强度理论

自 1930 年崔托维奇[6]发表第一篇静荷载作用下冻土力学性质的研究论文以来，各国学者在冻土静力特性方面进行了多项研究，并取得了丰富的成果。然而，与静荷载作用相比，土体在动荷载作用下表现出不同的变化，且更为复杂。随着人们对冻土的认识不断加深以及冻土区工程建设的需要，迫切要求研究冻土的力学行为，尤其是动荷载作用下的力学特征。冻土动力学作为冻土力学的重要分支，主要研究动荷载作用下冻土的变形和强度特征及土体稳定性[7]。冻土动力学的研究开始较晚，国外是在 20 世纪 70 年代中期，而我国是 20 世纪 90 年代才开始的。

对于土的静强度，通常是基于某一应变速率下的强度实验，得到应力-应变关系曲线，通过选定破坏标准（如应变达到 15%或应力-应变的峰值等），对应此标准取得的应力值作为静强度。土的动强度则要复杂得多，主要体现在速率效应和循环效应上，就冻土而言还要考虑其温度效应。动荷载的振动次数体现了循环效应，已有的研究结果表明，循环效应可能使动强度提高，也可能使土的动强度降低，很大程度上取决于土的性质以及动荷载的特性。动荷载的振动频率表现出速率效应，频率越高，速率效应越明显，加载速率增加会引起土的强度增大，这种情况在黏性土中更加明显[8-9]。

影响土动强度的因素较多，除了传统上影响土静强度的因素，如土性（密度、粒度、含水率、土的结构、温度等）、固结条件、破坏标准选取，还有专属于动强度的因素，包括动荷载波形、振动次数、振动频率、动应力幅值等[4, 10-13]。冻土动应力-动应变关系和动强度随频率、应变速率和围压的变化规律[14-17]以及冻土动蠕变特性[18]等。既然动强度是在一定强度和振动次数下土体产生某一指定破坏应变，或满足某一破坏标准所需的动应力，如果这个破坏应变的数值或破坏标准不同，相应的动强度也不同，即动强度与破坏标准是密切相关的，通常动强度的破坏标准有四种。第一种是根据我国《地基动力特性测试规范》（GB/T 50269—2015）[19]，取土样的弹性应变与塑性应变之和等于 5%作为强度的破坏准则；第二种是根据地基土的情况和工程重要性，在 2.5%～10%的范围内取值；第三种是以极限平衡条件作为破坏准则的"极限平衡准则"；第四种是按动荷载作用过程中变形开始急速陡转作为"破坏准则"的"屈服破坏标准"。

振动测试的动力条件主要是模拟地震作用的波形、方向、频率、幅值和持续时间。一般的动三轴仪、动直剪仪无法直接加载真实地震的加速度或速度波形，而大多数采用 Seed 简化法将地震波形转化为简谐波，这种方法最初是为了研究地震条件下地基液化问题，近年来也被广泛应用于地震条件下土的动力性能实验方面。

采用 Seed 简化法，必须首先确定地震的等效均匀应力循环次数，因为地震是不规则的应力时程，图 4-1（a）表示地震时土层内剪应力随时间的不规则变化，地震引起的最大剪应力 $\tau_{max}$，该不规则应力时程可以与图 4-1（b）所示的最大值为 $\tau_{av}$ 的均匀剪应力时程等效。所谓等效在这里意味着破坏方面的效果是一致的。

根据 Palmgrcn-Miner 假设：在每一应力循环中的能量对材料都有一种积累的破坏作用，这种破坏作用与该循环中能量的大小成正比，而与实际施加的应力波顺序无关，设不规则剪切波中的某一应力循环为 $\tau_i$，它引起土样破坏（达到指定应变或屈服）所需的循环次数为 $N_{if}$。

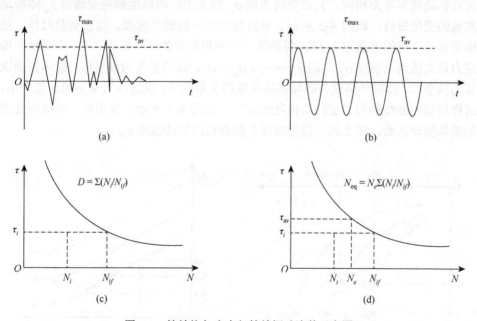

图 4-1　等效均匀应力与等效振动次数示意图

　　如果像 $\tau_i$ 这样大小的应力在不规则波中的个数为 $N_i$ 个，即这样大小的应力循环次数为 $N_i$，则由这 $N_i$ 个 $\tau_i$ 应力对土所产生的相对破坏值可用 $N_i/N_{if}$ 来表示，那么不规则波时程曲线上所有应力产生的累计破坏可表示为 $\sum N_i/N_{if}$。假设等效均匀应力 $\tau_{av}$ 使土样发生破坏所需的均匀循环次数为 $N_e$。就破坏而言，$\tau_{av}$ 应力的 $N_e$ 次循环与 $\tau_i$ 应力的 $N_{if}$ 次循环室等效的，考虑 $N_i$ 次的 $\tau_i$ 应力循环，那么 $\tau_{av}$ 应力循环 $N_e$（$N_i/N_{if}$）次等效于 $\tau_i$ 应力循环作用 $N_i$ 次。对于不规则剪应力时程曲线中各种大小的剪应力都重复进行这种计算，最后可以求得均匀循环应力 $\tau_{av}$ 的等效循环次数 $N_{eq}$，如式（4-1）所示[20]：

$$N_{eq} = N_e \sum \frac{N_i}{N_{if}} \tag{4-1}$$

　　选定 $\tau_{av}$ 以后，$N_{eq}$ 与震级大小以及震动的持续时间有关。Seed[21]利用文献[21]的大型动单剪液化实验结果通过对一系列强震记录的分析和计算，得出 $\tau_{av} = 0.65\tau_{max}$ 时等效循环次数与地震震级的关系。对于地震来说，如果按照 Seed 的方法，则可以将随机变化的地震波形简化为一种等效的谐波作用，谐波的等效循环次数 $N$ 根据地震的烈度确定（7 度、8 度、9 度时分别为 10 次、20 次、30 次），频率为 $1\sim2\text{Hz}$，地震方向按水平剪切波考虑。

　　用土性相同的一组试样进行实验，这一组试样的固结条件、初始静应力、动荷载振动频率等都相同，只改变应力幅 $\sigma_m$ 的大小，可以绘制应变幅值 $\varepsilon_m$ 随振动次数的变化曲线，如图 4-2 所示。然后按照统一的破坏标准，综合实验材料、结构重要程度等因素选定为 5%，得到每一应变幅对应的破坏振动次数。定义轴向偏应力最大值为动强度 $\sigma_{df}$，即 $\sigma_{df} = \sigma_s + \sigma_m - \sigma_3$。以动强度为纵坐标，破坏振动次数为横坐标，绘制动强度与破坏振动次数的关系曲线，振动次数常采用对数表示，这样绘制的曲线称为"土的动强度曲线"，如图 4-3 所示，使用时，根据所要求的破坏振动次数，在土的动强度曲线上找到相应的动强度 $\sigma_{df}$。

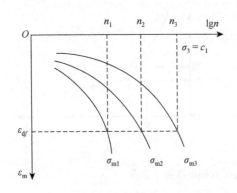

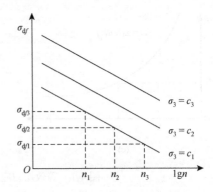

图 4-2　土的应变幅值与振动次数变化关系曲线　　　图 4-3　不同围压条件下土的动强度曲线

在周期实验中，先施加静荷载至某一应力 $\sigma_s$，然后施加动应力 $\sigma_d$，控制每组实验的振动循环次数 $N$ 相同，改变动应力 $\sigma_d$ 的幅值时，可以得到如图 4-4 所示的动应力-动应变曲线。可见，随着动应力 $\sigma_d$ 的增加，动应变将逐渐增大（相当于 $A$、$B$、$C$ 点），图 4-4（d）中最大的应力值即为静荷载 $\sigma_s$ 和振动循环次数 $N$ 时的动强度。

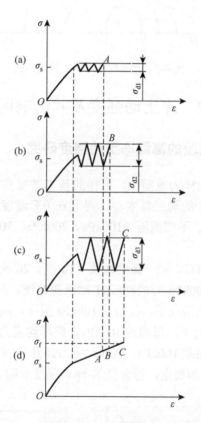

图 4-4　一定振动次数下的动应力-动应变曲线

对同一组土样而言，每组实验的固结条件、初始静应力、围压、动荷载振动频率均相同，按照围压不同进行分组，每组最少有 3 种不同的围压，改变应力幅值进行动三轴实验，就可以得到不同围压条件下试样的动强度曲线。按照研究问题的不同，选择一定的振动次数，得到不同围压作用下对应的应力幅值，将围压和轴线总应力绘制成莫尔圆，找到其强度包线，此时，强度包线在纵坐标上的截距即为动黏聚力 $C_d$，斜率即为动内摩擦角 $\varphi_d$，如图 4-5 所示，动黏聚力和动内摩擦角被称为"动强度指标"。土的动强度指标一定对应着某一特定的振动次数。

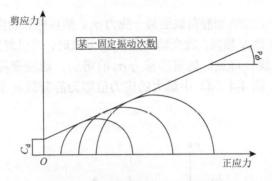

图 4-5　动荷载作用下土的莫尔圆

# 4.2　冻土动强度及其影响因素

## 4.2.1　基于动三轴实验的高温冻土动强度研究

　　本项实验所用的土样为重塑土，土样的基本性质实验在第 2 章有较为详细的叙述。根据崔颖辉[23]的动三轴实验，得到在 0℃温度条件下，不同振动次数（10 次、20 次、30 次）、不同围压（100kPa、200kPa、300kPa）试样的动应力-动应变曲线。

　　图 4-6～图 4-8 为 0℃、同一振动次数（10 次、20 次、30 次）情况下，围压为 100kPa、200kPa、300kPa 时的动应力-动应变曲线。从同一振动次数不同围压的角度分析，振动 10 次情况下，每相差 100kPa 围压，破坏动应力提升 26.14%和23.07%；振动 20 次情况下，每相差 100kPa，破坏动应力提升 27.43%和 21.66%；振动 30 次情况下，每相差 100kPa，破坏动应力提升 30.87%和 23.46%。随着围压的增加，破坏动应力增加稳定，符合莫尔-库仑强度准则。

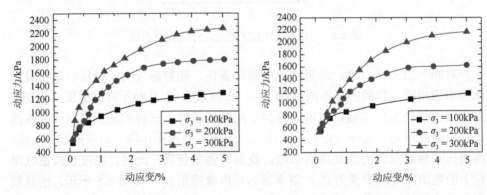

图 4-6　0℃、单级振动 10 次的动应力-动应变　　图 4-7　0℃、单级振动 20 次的动应力-动应变
曲线　　　　　　　　　　　　　　　　曲线

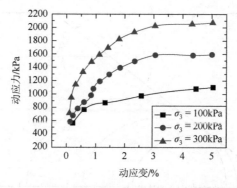

图 4-8　0℃、单级振动 30 次的动应力-动应变曲线

　　根据 0℃时不同振动次数、不同围压下的动应力-动应变曲线和达到破坏应变
5%时的破坏应力值，绘出 0℃下土样的动强度曲线和不同振动次数下的莫尔圆，
如图 4-9～图 4-12 所示，0℃下不同振动次数的土样抗剪强度值如表 4-1 所示。

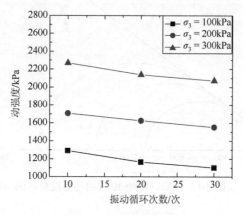

图 4-9　0℃动强度曲线

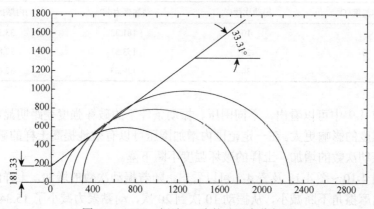

图 4-10　0℃、振动 10 次的动强度莫尔圆

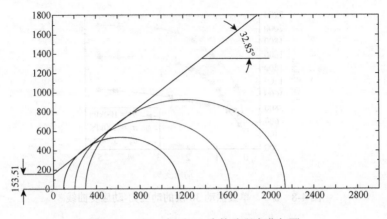

图 4-11　0℃、振动 20 次的动强度莫尔圆

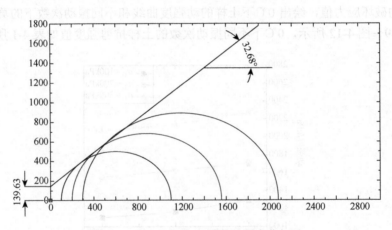

图 4-12　0℃、振动 30 次的动强度莫尔圆

表 4-1　0℃抗剪强度参数表

| 土体温度/℃ | 振动次数/次 | 动黏聚力/kPa | 动内摩擦角/(°) |
| --- | --- | --- | --- |
|  | 10 | 181.33 | 33.31 |
| 0 | 20 | 153.51 | 32.85 |
|  | 30 | 139.63 | 32.65 |

从图 4-9 中可以看出，不同围压、振动条件下的破坏强度差距明显，而围压对破坏强度的影响更大。在一定范围内增加围压可以有效地提高土样的破坏强度，而随着振动次数的增加，土样的破坏强度不断下降。

从图 4-10～图 4-12 及表 4-1 可以看出，随着振动次数的增加，土样的动黏聚力和动内摩擦角不断减小，从振动 10 次到 20 次，动黏聚力减小了 15.34%，从振动 20 次到 30 次，动内聚力减小了 9.04%；而不同振动次数下的动内摩擦角有减小的趋势，但减小幅度较小，均在 1% 左右。

在–0.5℃温度条件下，不同振动次数（10 次、20 次、30 次）、不同围压（100kPa、200kPa、300kPa）试样的动应力-动应变曲线，如图 4-13～图 4-15 所示。

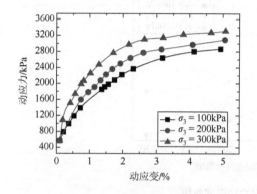

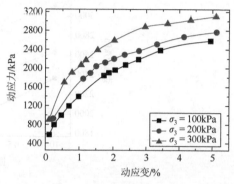

图 4-13　–0.5℃、单级振动 10 次的动应力-动应变曲线

图 4-14　–0.5℃、单级振动 20 次的动应力-动应变曲线

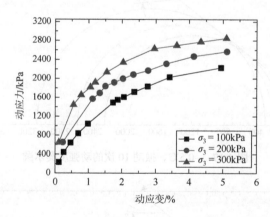

图 4-15　–0.5℃、单级振动 30 次的动应力-动应变曲线

图 4-13～图 4-15 为–0.5℃，同一振动次数（10 次、20 次、30 次）情况下，围压为 100kPa、200kPa、300kPa 时的动应力-动应变曲线。从同一振动次数不同围压的角度分析，振动 10 次情况下，每相差 100kPa 围压，破坏动应力提升 18.87% 和 17.85%；振动 20 次情况下，每相差 100kPa，破坏动应力提升 19.49% 和 18.17%；振动 30 次情况下，每相差 100kPa，破坏动应力提升 18.35% 和 17.27%。随着围压的增加，破坏动应力增加稳定。

　　根据–0.5℃时不同振动次数、不同围压下的动应力-动应变曲线和达到破坏应变5%时的破坏应力值,绘出0℃下土样的动强度曲线和不同振动次数下的莫尔圆,如图4-16~图4-19所示,–0.5℃下不同振动次数的土样抗剪强度值如表4-2所示。

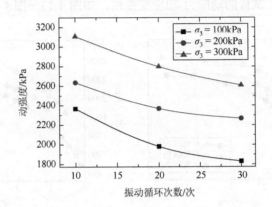

图 4-16　–0.5℃动强度曲线

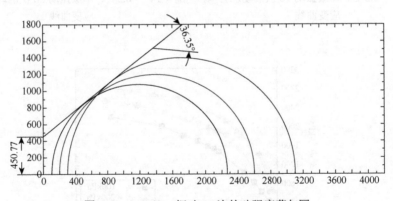

图 4-17　–0.5℃、振动 10 次的动强度莫尔圆

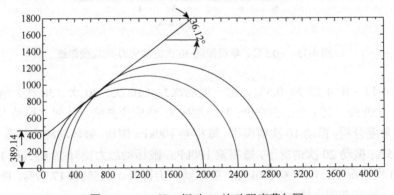

图 4-18　–0.5℃、振动 20 次动强度莫尔圆

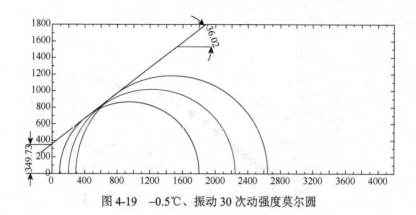

图 4-19　−0.5℃、振动 30 次动强度莫尔圆

表 4-2　−0.5℃动抗剪强度参数表

| 土体温度/℃ | 振动次数/次 | 动黏聚力/kPa | 动内摩擦角/(°) |
|---|---|---|---|
| | 10 | 450.77 | 36.35 |
| −0.5 | 20 | 389.14 | 36.12 |
| | 30 | 349.73 | 36.02 |

从图中可以看出，不同围压、振动条件下的破坏强度差距明显，而围压对破坏强度的影响更大。在一定范围内增加围压可以有效地提高土样的破坏强度，而随着振动次数的增加，土样的破坏强度不断下降。

从图 4-17～图 4-19 及表 4-2 可以看出，随着振动次数的增加，土样的动黏聚力和动内摩擦角不断减小，从振动 10 次到 20 次，动黏聚力减小了 13.67%，从振动 20 次到 30 次，动黏聚力减小了 10.13%；而不同振动次数下的动内摩擦角有减小的趋势，但减小幅度较小，均在 1%左右。原理同 0℃的情况较为一致。

在−1.0℃温度条件下，不同振动次数（10 次、20 次、30 次）、不同围压（100kPa、200kPa、300kPa）试样的动应力-动应变曲线如图 4-20～图 4-22 所示。

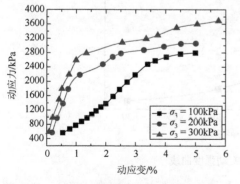

图 4-20　−1.0℃、单级振动 10 次的动应力-动应变曲线

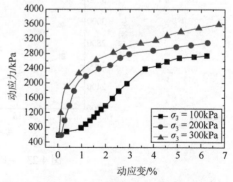

图 4-21　−1.0℃、单级振动 20 次的动应力-动应变曲线

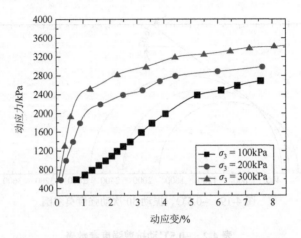

图 4-22　−1.0℃、单级振动 30 次的动应力-动应变曲线

　　从同一振动次数不同围压的角度分析，振动 10 次情况下，每相差 100kPa 围压，破坏动应力提升 10.7%和 17.45%；振动 20 次情况下，每相差 100kPa，破坏动应力提升 12.58%和 18.77%；振动 30 次情况下，每相差 100kPa，破坏动应力提升 9.23%和 17.66%。随着围压的增加，破坏动应力增加稳定。

　　根据−1.0℃时不同振动次数、不同围压下的动应力-动应变曲线和达到破坏应变 5%时的破坏应力值，绘出−1.0℃下土样的动强度曲线和不同振动次数下的莫尔圆，如图 4-23～图 4-26 所示，−1.0℃下不同振动次数的土样抗剪强度值如表 4-3 所示。

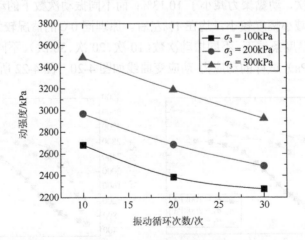

图 4-23　−1.0℃动强度曲线

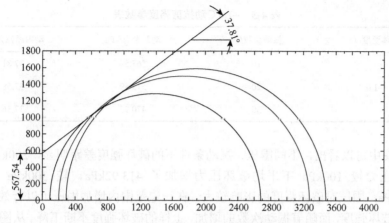

图 4-24　–1.0℃、振动 10 次的动强度莫尔圆

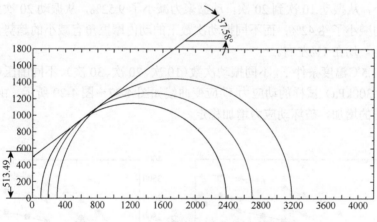

图 4-25　–1.0℃、振动 20 次的动强度莫尔圆

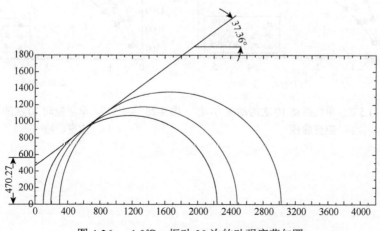

图 4-26　–1.0℃、振动 30 次的动强度莫尔圆

表 4-3 −1.0℃动抗剪强度参数表

| 土体温度/℃ | 振动次数/次 | 动黏聚力/kPa | 动内摩擦角/(°) |
|---|---|---|---|
| −1.0 | 10 | 567.54 | 37.81 |
| | 20 | 513.49 | 37.58 |
| | 30 | 470.27 | 37.36 |

从图中可以看出，不同围压、振动条件下的破坏强度差距明显，200kPa 下平均破坏压力较 100kPa 下平均破坏压力增加了 413.92kPa，较 300kPa 减小了 559.15kPa，围压对破坏强度的影响较大。在一定范围内增加围压可以有效地提高土样的破坏强度，而随着振动次数的增加，土样的破坏强度不断下降。从图 4-24～图 4-26 及表 4-3 可以看出，随着振动次数的增加，土样的动黏聚力和动内摩擦角不断减小，从振动 10 次到 20 次，动黏聚力减小了 9.52%，从振动 20 次到 30 次，动黏聚力减小了 8.42%；而不同振动次数下的动内摩擦角有减小的趋势，但减小幅度较小，均在 1%左右。

在−1.5℃温度条件下，不同振动次数（10 次、20 次、30 次）、不同围压（100kPa、200kPa、300kPa）试样的动应力-动应变曲线如图 4-27～图 4-29 所示，由图可知，随着围压的增加，破坏动应力增加稳定。

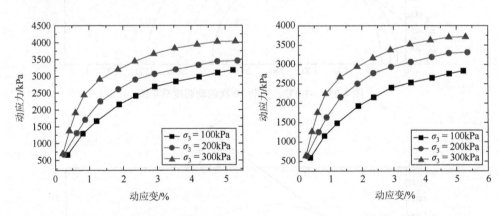

图 4-27 −1.5℃、单级振动 10 次的动应力-动应变曲线

图 4-28 −1.5℃、单级振动 20 次的动应力-动应变曲线

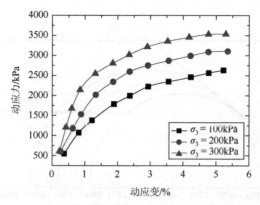

图 4-29　-1.5℃、单级振动 30 次的动应力-动应变曲线

根据-1.5℃时不同振动次数、不同围压下的动应力-动应变曲线和达到破坏应变 5%时的破坏应力值，绘出-1.5℃下土样的动强度曲线和不同振动次数下的莫尔圆，如图 4-30～图 4-33 所示，-1.5℃下不同振动次数的土样抗剪强度值如表 4-4 所示。

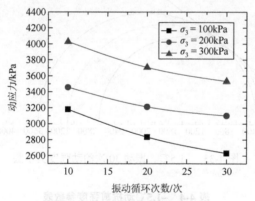

图 4-30　-1.5℃动强度曲线

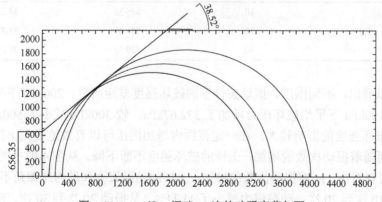

图 4-31　-1.5℃、振动 10 次的动强度莫尔圆

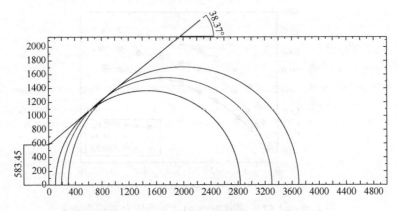

图 4-32　−1.5℃、振动 20 次的动强度莫尔圆

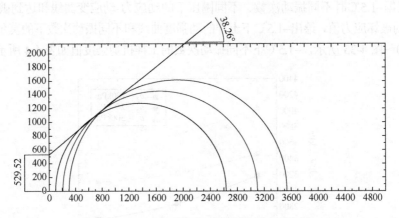

图 4-33　−1.5℃、振动 30 次的动强度莫尔圆

表 4-4　−1.5℃动抗剪强度参数表

| 土体温度/℃ | 振动次数/次 | 动黏聚力/kPa | 动内摩擦角/(°) |
|---|---|---|---|
| | 10 | 656.35 | 38.52 |
| −1.5 | 20 | 583.45 | 38.37 |
| | 30 | 529.52 | 38.26 |

可以看出，不同围压、振动条件下的破坏强度差距明显，200kPa 下平均破坏压力较 100kPa 下平均破坏压力增加了 372.67kPa，较 300kPa 减小了 500.33kPa，围压对破坏强度的影响较大。在一定范围内增加围压可以有效地提高土样的破坏强度，而随着振动次数的增加，土样的破坏强度不断下降。从图 4-31～图 4-33 及表 4-4 可以看出，随着振动次数的增加，土样的动黏聚力和动内摩擦角不断减小，从振动 10 次到 20 次，动黏聚力减小了 11.11%，从振动 20 次到 30 次，动黏聚力

减小了 9.24%；而不同振动次数下的动内摩擦角有减小的趋势，但减小幅度较小，均在 1% 左右。

在 15℃ 温度条件下，不同振动次数（10 次、20 次、30 次）、不同围压（100kPa、200kPa、300kPa）试样的动应力-动应变曲线如图 4-34～图 4-36 所示。选择 15℃ 是考虑正温下土的强度也是跟温度有关的，并没有采用真正的室温，室温在一定程度上是个稳定的。

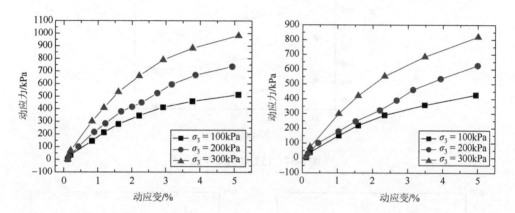

图 4-34　15℃、单级振动 10 次的动应力-动应　　图 4-35　15℃、单级振动 20 次的动应力-动应
　　　　　变曲线　　　　　　　　　　　　　　　　　　　变曲线

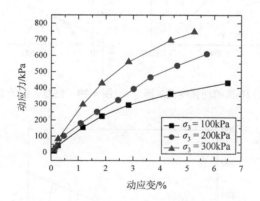

图 4-36　15℃、单级振动 30 次的动应力-动应变曲线

从同一振动次数不同围压的角度分析，振动 10 次情况下，每相差 100kPa 围压，破坏动应力提升 8.65% 和 16.56%；振动 20 次情况下，每相差 100kPa，破坏动应力提升 13.23% 和 15.45%；振动 30 次情况下，每相差 100kPa，破坏动应力提升 17.78% 和 13.97%。随着围压的增加，破坏动应力增加稳定。

根据 15℃时不同振动次数、不同围压下的动应力-动应变曲线和达到破坏应变 5%时的破坏应力值，绘出 15℃下土样的动强度曲线和不同振动次数下的莫尔圆，如图 4-37～图 4-40 所示，15℃下不同振动次数的土样抗剪强度值如表 4-5 所示。

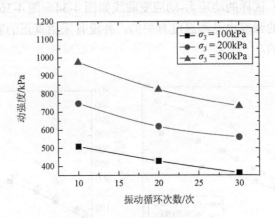

图 4-37　15℃动强度曲线

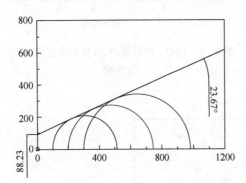

图 4-38　15℃、振动 10 次的动强度莫尔圆

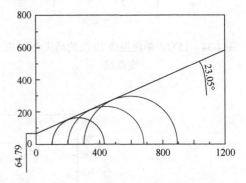

图 4-39　15℃、振动 20 次的动强度莫尔圆

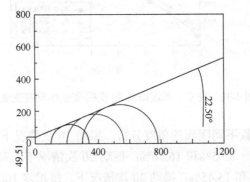

图 4-40　15℃、振动 30 次的动强度莫尔圆

**表 4-5　15℃动抗剪强度参数表**

| 土体温度/℃ | 振动次数/次 | 动黏聚力/kPa | 动内摩擦角/(°) |
|---|---|---|---|
| | 10 | 88.23 | 23.67 |
| 5.0 | 20 | 64.79 | 23.05 |
| | 30 | 49.51 | 22.50 |

　　从图中可以看出，不同围压、振动条件下的破坏强度差距明显，200kPa 下平均破坏压力较 100kPa 下平均破坏压力增加了 213.33kPa，较 300kPa 减小了 201.25kPa，围压对破坏强度的影响较大。在一定范围内增加围压可以有效地提高土样的破坏强度，而随着振动次数的增加，土样的破坏强度不断下降。从图 4-38～图 4-40 及表 4-5 可以看出，随着振动次数的增加，土样的动黏聚力和动内摩擦角不断减小，从振动 10 次到 20 次，动内聚力减小了 26.57%，从 20 次到 30 次，动内聚力减小了 23.58%；而不同振动次数下的动内摩擦角有减小的趋势，但减小幅度较小，均在 1.0%左右。

## 4.2.2　基于动直剪实验的高温冻土动强度研究

　　在 0℃温度条件下，不同振动次数（10 次、20 次、30 次）、不同围压（50kPa、100kPa、200kPa）试样的动剪应力-动剪应变曲线如图 4-41～图 4-43 所示[24]。

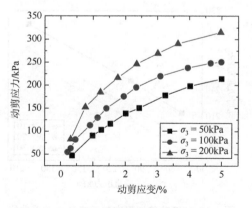 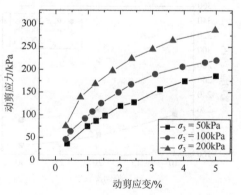

图 4-41　0℃、单级振动 10 次的动剪应力-动　　　图 4-42　0℃、单级振动 20 次的动剪应力-动
　　　　剪应变曲线　　　　　　　　　　　　　　　　　　剪应变曲线

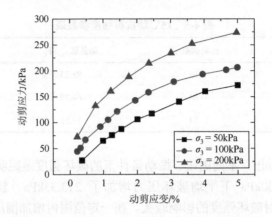

图 4-43  0℃、单级振动 30 次的动剪应力-动剪应变曲线

从图中可以观察到，随着垂直压力的增加，最大动剪应力为 280.09 kPa、以轴压力为 100kPa 时下降至为最小约为下，并达到约 1 接 300kPa 至于下 201.5kPa，从上列变化规律可知，在一定的围压力加增达后并有增加的趋势，上升明显达到破坏强度。同此可从此结束从后，自由的分体发生 D 相位变也发生图 4-46 及图 4-45 所示出，可看到获得在经验的区域上所占的运动过渡。

从图 4-41～图 4-43 可以得知，振动次数为 10 次的情况下，50kPa、100kPa 和 200kPa 的剪切破坏强度（应变达到 5%）分别为 214.19kPa、260.45kPa 和 314.75kPa；振动次数为 20 次时，分别为 186.18kPa、220.45kPa 和 286.18kPa；振动次数为 30 次时，分别为 172.75kPa、206.69kPa 和 273.65kPa。破坏强度随着垂直压力的增加而增加，随着振动次数的增加而减小。

根据 0℃时不同垂直压力、不同振动次数下动剪应力-动剪应变曲线和破坏强度，可以得到试样的动剪切强度与振动次数和垂直压力的关系曲线，如图 4-44 和图 4-45 所示。0℃抗剪强度参数表如表 4-6 所示。

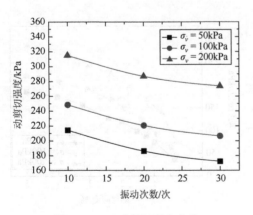

图 4-44  0℃动剪切强度曲线

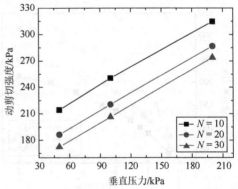

图 4-45  0℃动剪切强度与垂直压力关系曲线

表 4-6　0℃抗剪强度参数表

| 土体温度/℃ | 振动次数/次 | 动黏聚力/kPa | 动内摩擦角/(°) |
|---|---|---|---|
| | 10 | 171.85 | 36.14 |
| 0 | 20 | 145.16 | 36.12 |
| | 30 | 139.65 | 35.97 |

从图 4-45 和表 4-6 中可以看出，动黏聚力和动内摩擦角均随着振动次数的增加而略有减小。而振动次数对动内摩擦角的影响较小。

在–0.5℃温度条件下，不同振动次数（10 次、20 次、30 次）、不同围压（50kPa、100kPa、200kPa）试样的动剪应力-动剪应变曲线如图 4-46～图 4-48 所示。

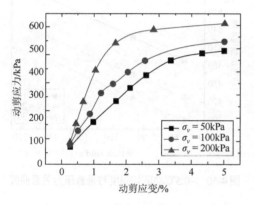

图 4-46　–0.5℃、单级振动 10 次的动剪应力-
动剪应变曲线

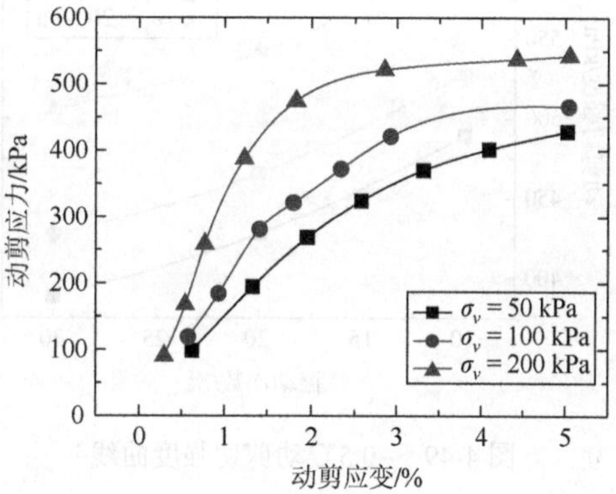

图 4-47　–0.5℃、单级振动 20 次的动剪应力-
动剪应变曲线

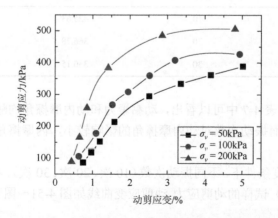

图 4-48　–0.5℃、单级振动 30 次的动剪应力-动剪应变曲线

从图 4-46～图 4-48 可以得知，振动次数为 10 次的情况下，50kPa、100kPa 和 200kPa 的动剪切破坏强度（应变达到 5%）分别为 489.79kPa、528.65kPa 和 606.74kPa；振动次数为 20 次时，分别为 427.89kPa、465.65kPa 和 541.66kPa；振动次数为 30 次时，分别为 388.64kPa、426.65kPa 和 505.69kPa。破坏强度随着垂直压力的增加而增加，随着振动次数的增加而减小。

根据 $-0.5$℃时不同垂直压力、不同振动次数下动剪应力-动剪应变曲线和破坏强度，可以得到试样的动剪切强度与振动次数和垂直压力的关系曲线，如图 4-49 和图 4-50 所示。$-0.5$℃抗剪强度参数表如表 4-7 所示。

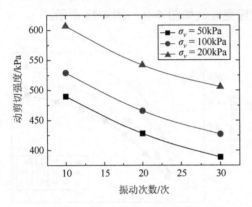

图 4-49　$-0.5$℃动剪切强度曲线　　　图 4-50　$-0.5$℃动剪切强度与垂直压力关系曲线

表 4-7　$-0.5$℃抗剪强度参数表

| 土体温度/℃ | 振动次数/次 | 动黏聚力/kPa | 动内摩擦角/(°) |
|---|---|---|---|
| | 10 | 425.63 | 39.24 |
| $-0.5$ | 20 | 366.78 | 38.93 |
| | 30 | 330.15 | 38.87 |

从图 4-50 和表 4-7 中可以看出，动黏聚力和动内摩擦角均随着振动次数的增加而略有减小。而振动次数对动内摩擦角的影响较小，内摩擦角随振动次数略有减小。

在 $-1.0$℃温度条件下，不同振动次数（10 次、20 次、30 次）、不同围压（50kPa、100kPa、200kPa）试样的动剪应力-动剪应变曲线如图 4-51～图 4-53 所示。

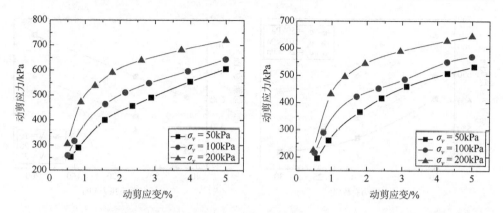

图 4-51 −1.0℃、单级振动 10 次的动剪应力-　　图 4-52 −1.0℃、单级振动 20 次的动剪应力-
　　　　动剪应变曲线　　　　　　　　　　　　　　　动剪应变曲线

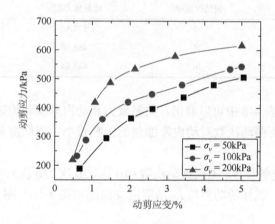

图 4-53 −1.0℃、单级振动 30 次的动剪应力-动剪应变曲线

　　从图 4-51～图 4-53 可以得知，振动次数为 10 次的情况下，50kPa、100kPa 和 200kPa 的动剪切破坏强度（应变达到 5%）分别为 605.18kPa、643.18kPa 和 719.42kPa；振动次数为 20 次时，分别为 531.92kPa、568.71kPa 和 644.04kPa；振动次数为 30 次时，分别为 505.85kPa、542.4kPa 和 615.6kPa。破坏强度随着垂直压力的增加而增加，随着振动次数的增加而减小。

　　根据−1.0℃时不同垂直压力、不同振动次数下动剪应力-动剪应变曲线和破坏强度，可以得到试样的动剪切强度与振动次数和垂直压力的关系曲线，如图 4-54 和图 4-55 所示。−1.0℃抗剪强度参数表如表 4-8 所示。

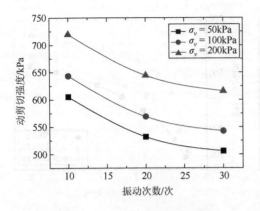

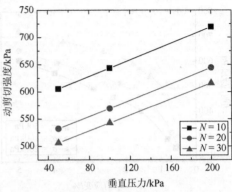

图 4-54　-1.0℃动剪切强度曲线　　　　图 4-55　-1.0℃动剪切强度与垂直压力关系曲线

表 4-8　-1.0℃抗剪强度参数表

| 土体温度/℃ | 振动次数/次 | 动黏聚力/kPa | 动内摩擦角/(°) |
|---|---|---|---|
| | 10 | 538.45 | 40.39 |
| -1.0 | 20 | 486.56 | 40.08 |
| | 30 | 442.64 | 39.89 |

从图 4-55 和表 4-8 中可以看出，动黏聚力和动内摩擦角均随着振动次数的增加而略有减小。而振动次数对动内摩擦角的影响较小，内摩擦角随振动次数略有减小。

在-1.5℃温度条件下，不同振动次数（10 次、20 次、30 次）、不同围压（50kPa、100kPa、200kPa）试样的动剪应力-动剪应变曲线如图 4-56～图 4-58 所示。

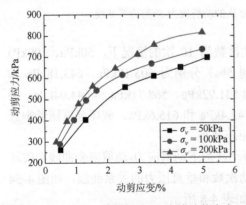

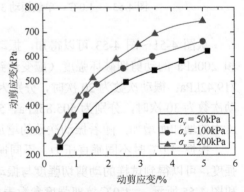

图 4-56　-1.5℃、单级振动 10 次的动剪应力-
动剪应变曲线

图 4-57　-1.5℃、单级振动 20 次的动剪应力-
动剪应变曲线

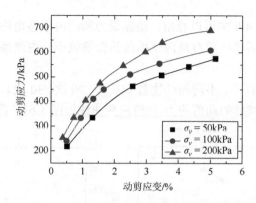

图 4-58　−1.5℃、单级振动 30 次的动剪应力-动剪应变曲线

从图 4-56～图 4-58 可以得知，振动次数为 10 次的情况下，50kPa、100kPa 和 200kPa 的动剪切破坏强度（应变达到 5%）分别为 696.08kPa、736.18kPa 和 816.39kPa；振动次数为 20 次时，分别为 623.09kPa、663.19kPa 和 743.38kPa；振动次数为 30 次时，分别为 579.52kPa、609.68kPa 和 689.82kPa。破坏强度随着垂直压力的增加而增加，随着振动次数的增加而减小。

根据−1.5℃下不同垂直压力、不同振动次数下动剪应力-动剪应变曲线和破坏强度，可以得到试样的动剪切强度与振动次数和垂直压力的关系曲线，如图 4-59 和图 4-60 所示。−1.5℃抗剪强度参数表如表 4-9 所示。

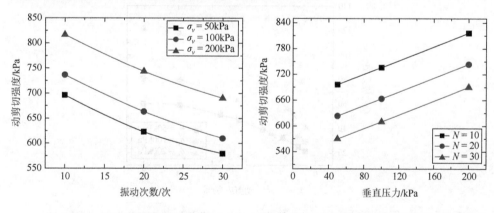

图 4-59　−1.5℃动剪切强度曲线　　　　图 4-60　−1.5℃动剪切强度与垂直压力关系曲线

表 4-9　−1.5℃抗剪强度参数表

| 土体温度/℃ | 振动次数/次 | 动黏聚力/kPa | 动内摩擦角/(°) |
|---|---|---|---|
|  | 10 | 623.33 | 41.074 79 |
| −1.5 | 20 | 550.47 | 40.734 96 |
|  | 30 | 502.43 | 40.516 65 |

　　从图 4-60 和表 4-9 中可以看出，动黏聚力和动内摩擦角均随着振动次数的增加而略有减小。而振动次数对动内摩擦角的影响较小，内摩擦角随振动次数略有减小。

　　在 15℃温度条件下，不同振动次数（10 次、20 次、30 次）、不同围压（50kPa、100kPa、200kPa）试样的动剪应力-动剪应变曲线如图 4-61～图 4-63 所示。

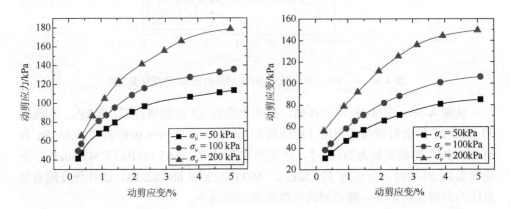

图 4-61　15℃、单级振动 10 次的动剪应力-动　　图 4-62　15℃、单级振动 20 次的动剪应力-动
　　　　　剪应变曲线　　　　　　　　　　　　　　　　　　剪应变曲线

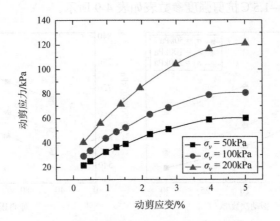

图 4-63　15℃、单级振动 30 次的动剪应力-动剪应变曲线

　　从图 4-61～图 4-63 可以得知，振动次数为 10 次的情况下，50kPa、100kPa 和 200kPa 的动剪切破坏强度（应变达到 5%）分别为 113.46kPa、135.55kPa 和 178.43kPa；振动次数为 20 次时，分别为 85.08kPa、106.09kPa 和 149.37kPa；振动次数为 30 次时，分别为 60.08kPa、80.62kPa 和 121.1kPa。破坏强度随着垂直压力的增加而增加，随着振动次数的增加而减小。

根据 15℃下不同垂直压力、不同振动次数下动剪应力-动剪应变曲线和破坏强度，可以得到试样的动剪切强度与振动次数和垂直压力的关系曲线，如图 4-64 和图 4-65 所示。15℃抗剪强度参数表如表 4-10 所示。

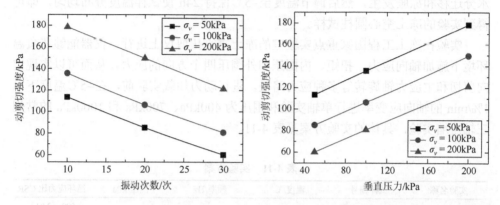

图 4-64　15℃动剪切强度曲线　　　　　图 4-65　15℃动剪切强度与垂直压力关系曲线

**表 4-10　15℃抗剪强度参数表**

| 土体温度/℃ | 振动次数/次 | 动黏聚力/kPa | 动内摩擦角/(°) |
|---|---|---|---|
| | 10 | 92.019 3 | 23.388 9 |
| 15 | 20 | 63.446 5 | 22.135 0 |
| | 30 | 49.838 1 | 22.123 0 |

从图 4-65 和表 4-10 中可以看出，动黏聚力和动内摩擦角均随着振动次数的增加而略有减小。而振动次数对动内摩擦角的影响较小，动内摩擦角随振动次数略有减小。

### 4.2.3　基于空心扭剪实验的高温冻土动强度研究

根据张斌龙[25]的实验，实验所用土料取自青藏铁路沿线北麓河段，其液限为34.5%，塑限为 13.9%，塑性指数为 20.6，最大干密度为 1.72g/cm³，最佳含水率为 18.2%，饱和含水率为 19.6%，土粒相对密度为 2.71。根据土的工程分类标准，实验用土归属于低液限黏土，实验采用高 200mm、外径 100mm 和内径 60mm 的重塑空心圆柱试样。

重塑空心圆柱试样制备流程如下：将取回的实验用土风干、碾碎，过 2mm 圆孔筛，根据目标含水率将定量的蒸馏水加入准备好的干土中并用手搅拌均匀，将其过 2mm 方孔筛，随后装入密封袋保存 24h 使水分分布均匀。制样时根据实验试样的密度称取一定质量的焖料，分五层装入自制的空心圆柱制样模具，然后使用压样机正反压密至目标高度，最后脱模即可得常温空心圆柱试样。将常温空心圆柱试样快速装入冻土空心圆柱仪的压力室，在-30℃下快速冻结12h，防止试样中水分迁移和冻胀发生，然后调节温度至-5℃保持24h使试样温度分布均匀，即可得到实验的冻土空心圆柱试样。

实验在冻土工程国家重点实验室的冻土空心扭剪仪上进行，仪器能够在负温环境下施加轴向应力、扭矩、内围压和外围压四个方向的应力，从而可以实现定向剪切和主应力轴旋转等多种应力路径。进行动力加载实验前，在-5℃温度下以1%/min的轴向应变率进行单轴实验和围压为400kPa、700kPa和1000kPa的常规三轴压缩实验，具体的实验方案见表4-11。

表 4-11 实验方案

| 实验名称 | 试样编号 | 温度/℃ | 频率/Hz | 围压/kPa | 循环应力比 CSR |
|---|---|---|---|---|---|
| 空心扭剪实验 | HT1～HT5 | | | 400 | 2.500, 2.813, 3.125, 3.438, 3.750 |
| | HT6～HT10 | -5 | 1 | 700 | 1.429, 1.607, 1.786, 1.964, 2.143 |
| | HT11～HT15 | | | 1000 | 1.000, 1.125, 1.250, 1.375, 1.500 |
| 动三轴实验 | CT1～CT5 | | | 400 | 2.500, 2.813, 3.125, 3.438, 3.750 |
| | CT6～CT10 | -5 | 1 | 700 | 1.429, 1.607, 1.786, 1.964, 2.143 |
| | CT11～CT15 | | | 1000 | 1.000, 1.125, 1.250, 1.375, 1.500 |

图4-66给出了不同围压下冻结黏土试样的偏应力-轴向应变曲线。可以看出，随着轴向应变的增大，偏应力先增大后不同程度减小，所有冻结黏土试样出现应变软化现象；围压越大时，冻结黏土试样软化现象越弱。

绘制冻土试样达到破坏应变标准时振动次数与对应动应力幅值之间的关系曲线，即冻土的动强度曲线。图4-67给出了不同围压下冻结黏土的动强度曲线。可以看出，冻结黏土动三轴实验和空心扭剪实验的动强度曲线都随着围压的增加而向上平移，表明围压的增大可以明显提升冻土动强度，从而增强冻土抵抗动应力破坏的能力。当施加的围压相同时，动三轴实验的动强度明显大于空心扭剪实验的动强度。而实验中，动三轴实验和空心扭剪实验剪应力幅值变化保持相同，动三轴实验主应力方向固定，而空心扭剪实验主应力方向不断变化。这表明空心扭剪实验中冻结黏土动强度的显著降低与主应力轴旋转密切相关。以破坏振动次数100 次为例，当围压分别为 400kPa、700kPa 和 1000kPa 时，考虑主应力轴旋转条件下动强度分别降低了大约 15%、8%和 4%。可见，主应力轴旋转将导致冻结黏土动强度衰减，且主应力轴旋转对冻结黏土动强度的影响在低围压下更显著，若实际工程建设中忽略主应力轴旋转的影响，将严重高估地基土体的强度。另外，由图 4-67 还可以看出，当其他条件一定时，冻结黏土动强度随着振动次数增加而减小，并且动强度与破坏振动次数的对数 $\lg N$ 近似呈线性关系。

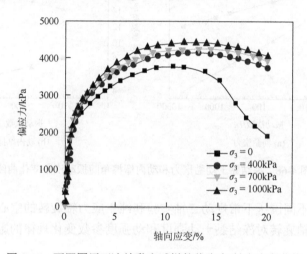

图 4-66  不同围压下冻结黏土试样的偏应力-轴向应变曲线

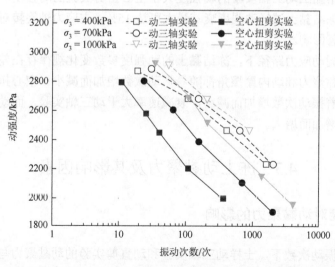

图 4-67  不同围压下冻结黏土的动三轴实验和空心扭剪实验的动强度曲线

由图 4-68（a）可以看出，动三轴实验和空心扭剪实验的动黏聚力都随着振动次数的增加而减小，而空心扭剪实验的动黏聚力衰减速率明显更快，表明主应力轴旋转可以加速冻结黏土动黏聚力的衰减。由图 4-68（b）可以看出，动三轴实验的动内摩擦角随着振动次数的增加而逐渐减小，而空心扭剪实验的动内摩擦角随着振动次数的增加而逐渐增大。

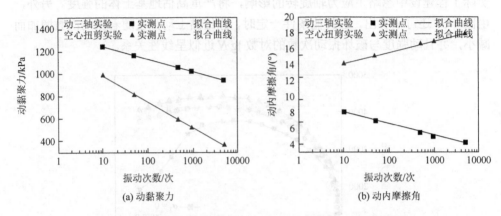

图 4-68　冻结黏土动黏聚力和动内摩擦角随振动次数变化曲线

通过开展不同围压下常规动三轴实验和纯主应力轴旋转的空心扭剪实验，研究了纯主应力轴旋转对冻结黏土动强度和动强度参数变化规律的影响，得出以下结论：

（1）冻结黏土动三轴实验的动强度大于空心扭剪实验的动强度，考虑主应力轴旋转时，冻结黏土试样动强度衰减最大可达 15%，主应力轴旋转对冻结黏土动强度具有显著影响。

（2）不同动应力路径下，冻结黏土的动强度参数变化规律存在差异。动三轴实验中，动黏聚力和动内摩擦角都随着振动次数增加而减小；空心扭剪实验中，动黏聚力随着振动次数增加而减小，衰减速率大于动三轴实验，而动内摩擦角随着振动次数增加而增大。

# 4.3　冻土动黏聚力及其影响因素

## 4.3.1　温度对动黏聚力的影响

不同的振动次数下，土样动三轴实验和动直剪实验的动黏聚力与温度绝对值变化曲线分别如图 4-69 和图 4-70 所示。从动黏聚力随温度变化的关系曲线可以看出，土样的动黏聚力随温度降低（温度绝对值增加）呈指数衰减型，可以用式（4-2）表示：

$$C_d = C_{d0} + A_1 \exp\left(-|T_c| / T_1\right) \tag{4-2}$$

式中，$C_{d0}$、$A_1$ 和 $T_1$ 均为实验参数。$C_{d0}$ 为动强度的基值，$A_1$ 表征了温度对土样强度的加强作用。

从图 4-69、图 4-70 和表 4-12 中可以看出，随着温度的降低，动黏聚力是不断增加的，但增加的速率却不断降低，6 条曲线的确定系数均在 0.99 以上，数据拟合良好。同时，伴随着振动次数的增加，动黏聚力呈减小的趋势，从拟合曲线看，$C_{d0}$ 值和 $A_1$ 值均呈下降趋势。

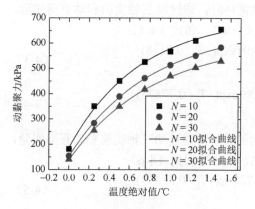

图 4-69　动三轴实验的动黏聚力与温度绝对值关系曲线　　　　图 4-70　动直剪实验的动黏聚力与温度绝对值关系曲线

表 4-12　动黏聚力与温度绝对值拟合参数表

| 拟合方程 | 动黏聚力-温度绝对值关系 $C_d = C_{d0} + A_1 \exp\left(-|T_c| / T_1\right)$ | | | | | |
|---|---|---|---|---|---|---|
| 实验类型 | 动三轴实验 | | | 动直剪实验 | | |
| 振动次数/次 | | 回归值 | 误差/% | 方差 | 回归值 | 误差/% | 方差 |
| 10 | $C_{d0}$ | 707.369 8 | 3.151 1 | | 688.270 31 | 21.178 56 | |
| | $A_1$ | −520.908 2 | 4.032 985 | 0.995 76 | −515.897 9 | 19.667 48 | 0.996 92 |
| | $T_1$ | 0.711 82 | 10.137 39 | | 0.775 75 | 0.071 36 | |
| 20 | $C_{d0}$ | 663.777 | 1.188 868 | | 626.911 51 | 11.583 85 | |
| | $A_1$ | −511.715 | 1.425 016 | 0.999 52 | −484.422 8 | 10.707 88 | 0.999 08 |
| | $T_1$ | 0.815 39 | 3.349 318 | | 0.811 63 | 0.042 27 | |

| 拟合方程 | 动黏聚力-温度绝对值关系 $C_d = C_{d0} + A_1 \exp\left(-\lvert T_c\rvert / T_1\right)$ | | | | | |
|---|---|---|---|---|---|---|
| 实验类型 | 动三轴实验 | | | 动直剪实验 | | |
| 振动次数/次 | | 回归值 | 误差/% | 方差 | 回归值 | 误差/% | 方差 |
| 30 | $C_{d0}$ | 612.839 2 | 1.531 452 | | $C_{d0}$ 583.447 04 | 11.492 5 | |
| | $A_1$ | −475.432 6 | 1.819 877 | 0.999 44 | $A_1$ −454.692 4 | 10.587 6 | 0.999 13 |
| | $T_1$ | 0.847 23 | 4.187 765 | | $T_1$ 0.862 26 | 0.045 74 | |

（1）当土样每个周期受到 10 次振动循环时，通过动三轴实验和动直剪实验，动黏聚力与温度的关系可以分别拟合为式（4-3）和式（4-4）：

$$\begin{cases} C_d = 707.36 - 520.91\exp(-T_c / 0.7118) \\ R^2 = 0.99576 \end{cases} \tag{4-3}$$

$$\begin{cases} C_d = 688.27 - 515.89\exp(-T_c / 0.77575) \\ R^2 = 0.99692 \end{cases} \tag{4-4}$$

（2）当土样每个周期受到 20 次振动循环时，通过动三轴实验和动直剪实验，动黏聚力与温度的关系可以分别拟合为式（4-5）和式（4-6）：

$$\begin{cases} C_d = 663.78 - 511.72\exp(-T_c / 0.81539) \\ R^2 = 0.99952 \end{cases} \tag{4-5}$$

$$\begin{cases} C_d = 626.91 - 484.42\exp(-T_c / 0.81163) \\ R^2 = 0.99908 \end{cases} \tag{4-6}$$

（3）当土样每个周期受到 30 次振动循环时，通过动三轴实验和动直剪实验，动黏聚力与温度的关系可以分别拟合为式（4-7）和式（4-8）：

$$\begin{cases} C_d = 612.84 - 475.43\exp(-T_c / 0.84723) \\ R^2 = 0.99944 \end{cases} \tag{4-7}$$

$$\begin{cases} C_d = 583.45 - 454.69\exp(-T_c / 0.86226) \\ R^2 = 0.99913 \end{cases} \tag{4-8}$$

从图 4-69、图 4-70 可以看出，动三轴实验和动直剪实验动黏聚力随温度变化的趋势一致、数值较为接近。动三轴实验中的 $C_{d0}$ 比动直剪实验结果略大，不同振动次数（10 次、20 次、30 次）下分别相差 2.7%、5.5%和 4.8%；而 $A_1$ 分别相差 0.96%、6.01%和 4.4%；$T_1$ 分别相差 5.3%、0.49%和 1.7%。

发生动黏聚力随温度呈指数衰减型增长的主要原因是，当土体内含水率一定时，土温变化不仅决定着冻土中含冰量的大小，也影响着冰晶体的内部结构。而含冰量的高低又决定着冰对土颗粒的胶结程度，同时影响着土颗粒与土颗粒之间联结力的大小。实验资料表明，土温低于土的冻结温度之后，冻结强度随着土温降低而升高，达到一定负温之后，则随着土温继续降低，其增加速率变得缓慢。这是由于决定冻结力大小的一方面是土颗粒与土颗粒之间通过冰晶而胶结的程度，胶结程度越好，其冻结强度越大。另一方面，是冰晶体结构的影响，即氢离子活动性越大，冻结力越小。土温降低时，一方面使土中冰晶数量不断增加，另一方面就是使冰晶体中氢离子活动性减弱。当土温处于剧烈相变区温度范围时，随着土温逐渐降低，冻土中的含冰量迅速增大，冰胶结程度占主导地位，这时冻结强度迅速增大。而过了相强烈转化区后，随着土温继续降低，土中冰晶增加有限，从而对冻结强度起主导作用的仅是冰中氢离子活动性这一因素，所以随土温降低，冻结强度呈相对减弱的趋势。

## 4.3.2　振动次数对动黏聚力的影响

不同的温度下，土样动三轴实验和动直剪实验的动黏聚力与振动次数关系曲线分别如图 4-71、图 4-72 所示。从动黏聚力与振动次数的关系曲线可以看出，土样的动内聚力与振动次数的关系可以用式（4-9）表示：

$$C_\mathrm{d} = C_\mathrm{d0} + C_\mathrm{d1}N + C_\mathrm{d2}N^2 \tag{4-9}$$

式中，$C_\mathrm{d0}$、$C_\mathrm{d1}$ 和 $C_\mathrm{d2}$ 均为实验参数。$C_\mathrm{d1}$、$C_\mathrm{d2}$ 代表了振动次数对土样动强度的衰减作用，$C_\mathrm{d0}$ 为初始动黏聚力强度值。

从图 4-71、图 4-72 和表 4-13 中可以看出，随着振动次数的增加，动黏聚力是不断减小的，但减小的速率却不断降低，6 条曲线的确定系数均在 0.99 以上，

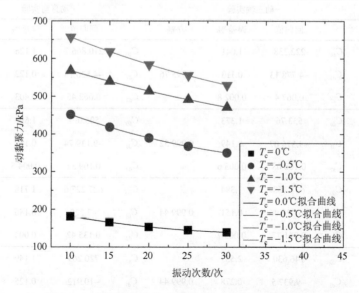

图 4-71　动三轴实验的动黏聚力与振动次数关系曲线

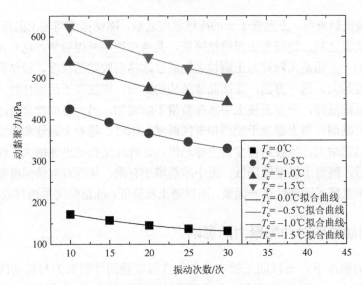

图 4-72　动直剪实验的动黏聚力与振动次数关系曲线

数据拟合良好。同时，伴随着温度的降低（温度绝对值增加），动黏聚力呈增加的趋势，从拟合曲线看，$C_{d0}$ 值和 $C_{d1}$ 值均呈下降趋势。

表 4-13　动黏聚力与振动次数拟合参数表

| 拟合方程 | | 动黏聚力-振动次数关系 $C_d = C_{d0} + C_{d1}N + C_{d2}N^2$ | | | | | |
|---|---|---|---|---|---|---|---|
| 实验类型 | | 动三轴实验 | | | 动直剪实验 | | |
| 温度/℃ | | 回归值 | 误差/% | 方差 | 回归值 | 误差/% | 方差 |
| 0 | $C_{d0}$ | 222.338 | 1.041 | | $C_{d0}$ 210.866 7 | 1.126 | |
| | $C_{d1}$ | −4.778 13 | 0.113 | 0.995 76 | $C_{d1}$ −4.520 15 | 0.122 | 0.999 7 |
| | $C_{d2}$ | 0.067 4 | 0.002 8 | | $C_{d2}$ 0.062 45 | 0.403 | |
| −0.5 | $C_{d0}$ | 533.76 | 1.373 | | $C_{d0}$ 506.097 | 1.695 | |
| | $C_{d1}$ | −9.375 07 | 0.149 | 0.999 52 | $C_{d1}$ −9.139 74 | 0.184 | 0.999 87 |
| | $C_{d2}$ | 0.108 08 | 0.003 6 | | $C_{d2}$ 0.109 31 | 0.004 5 | |
| −1.0 | $C_{d0}$ | 631.468 | 1.394 | | $C_{d0}$ 627.227 6 | 1.718 | |
| | $C_{d1}$ | −6.920 46 | 0.151 | 0.999 44 | $C_{d1}$ −7.220 | 0.186 | 0.999 65 |
| | $C_{d2}$ | 0.051 77 | 0.003 7 | | $C_{d2}$ 0.135 42 | 0.004 | |
| −1.5 | $C_{d0}$ | 746.630 | 2.557 | | $C_{d0}$ 720.269 | 1.149 | |
| | $C_{d1}$ | −9.937 5 | 0.278 | 0.999 44 | $C_{d1}$ −10.912 | 0.125 | 0.999 96 |
| | $C_{d2}$ | 0.110 29 | 0.068 4 | | $C_{d2}$ 0.121 83 | 0.103 | |

（1）当土样实验温度为 0℃时，通过动三轴实验和动直剪实验，动黏聚力随振动次数的关系可以分别拟合为式（4-10）和式（4-11）：

$$\begin{cases} C_{\mathrm{d}} = 222.338 - 4.778N + 0.0674N^2 \\ R^2 = 0.99576 \end{cases} \tag{4-10}$$

$$\begin{cases} C_{\mathrm{d}} = 210.866 - 4.52N + 0.0624N^2 \\ R^2 = 0.9997 \end{cases} \tag{4-11}$$

（2）当土样实验温度为–0.5℃时，通过动三轴实验和动直剪实验，动黏聚力随振动次数的关系可以分别拟合为式（4-12）式（4-13）：

$$\begin{cases} C_{\mathrm{d}} = 533.76 - 9.37507N + 0.10808N^2 \\ R^2 = 0.99952 \end{cases} \tag{4-12}$$

$$\begin{cases} C_{\mathrm{d}} = 506.097 - 9.13974N + 0.10931N^2 \\ R^2 = 0.99987 \end{cases} \tag{4-13}$$

（3）当土样实验温度为–1.0℃时，通过动三轴实验和动直剪实验，动黏聚力随振动次数的关系可以分别拟合为式（4-14）和式（4-15）：

$$\begin{cases} C_{\mathrm{d}} = 631.468 - 6.92046N + 0.05177N^2 \\ R^2 = 0.99944 \end{cases} \tag{4-14}$$

$$\begin{cases} C_{\mathrm{d}} = 627.2276 - 10.220N + 0.13542N^2 \\ R^2 = 0.99965 \end{cases} \tag{4-15}$$

（4）当土样实验温度为–1.5℃时，通过动三轴实验和动直剪实验，动黏聚力随振动次数的关系可以分别拟合为式（4-16）和式（4-17）：

$$\begin{cases} C_{\mathrm{d}} = 746.630 - 9.9375N + 0.09029N^2 \\ R^2 = 0.99944 \end{cases} \tag{4-16}$$

$$\begin{cases} C_{\mathrm{d}} = 720.269 - 10.912N + 0.12183N^2 \\ R^2 = 0.99996 \end{cases} \tag{4-17}$$

从图 4-71、图 4-72 中可以看出，动三轴实验和动直剪实验的动黏聚力随振动次数变化的趋势基本一致、数值较为接近。动三轴实验比动直剪实验结果也略大，在不同温度（0℃、–0.5℃、–1.0℃、–1.5℃）下 $C_{\mathrm{d}0}$ 分别相差 5.16%、5.06%、0.672%、3.53%；而 $C_{\mathrm{d}1}$ 分别相差 5.39%、2.51%、4.16%、8.93%；而 $C_{\mathrm{d}2}$ 分别相差 7.34%、1.12%、4.16%、9.47%。

当土体含水率和温度一定的情况下，振动次数影响着冻土中颗粒与颗粒之间的排列情况及微观化学键的稳定性。同时，加载产生的变形在卸载时有不可恢复的残余塑性形变，其损耗的能量为塑性耗散，有一部分能量在土体内部耗散掉，并不直接表现为宏观的塑性变形或黏滞性变形，而是可能变成热能，使冻土内部温度升高，称为升高耗散。土体内部存在一些微缺陷（如微裂纹、微孔隙等），荷载作用下，这些微缺陷继续扩展，新的微缺陷萌生，称为损伤。土体内部的温度升高和损伤都引起土体材料动力学性能的劣化，从而宏观上产生塑性变形和黏滞性变形。随着振动次数的增加，损伤效应和升高耗散均不断加大，造成动黏聚力的降低。

## 4.4 冻土动内摩擦角及其影响因素

### 4.4.1 温度对动内摩擦角的影响

不同的振动次数下，土样动三轴实验和动直剪实验的动内摩擦角与温度绝对值关系曲线如图 4-73 和图 4-74 所示。从动内摩擦角随温度变化的关系曲线可以看出，土样的动内摩擦角随温度降低（绝对值增加）呈二次函数型，可以用式（4-18）表示：

$$\varphi_d = \varphi_{d0} + \varphi_{d1}T_c + \varphi_{d2}T_c^2 \tag{4-18}$$

式中，$\varphi_{d0}$、$\varphi_{d1}$ 和 $\varphi_{d2}$ 均为实验参数。$\varphi_{d1}$、$\varphi_{d2}$ 代表温度对动内摩擦角的变化率，$\varphi_{d0}$ 为初始内摩擦角，$T_c$ 为温度自变量。

从图 4-73、图 4-74 和表 4-14 中可以看出，随着温度的降低（温度绝对值升高），动内摩擦角不断增加，但增加的速率有所减小，不同振动次数下动内摩擦角略有降低，但变化不大，均在 0.5%以下，也说明振动次数对内摩擦角起次要影响。6 条曲线的确定系数均在 0.97 以上，说明曲线对数据的拟合情况良好。拟合数据中 $\varphi_{d0}$ 较为接近略有减小，说明基础动内摩擦角主要由温度确定，振动对其影响较小；$\varphi_{d1}$、$\varphi_{d2}$ 值表征的变化速率也变化不大，略有增加，表明在高温时振动的影响较低温时大。

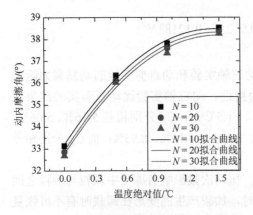

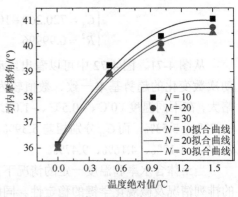

图 4-73　动三轴实验的动内摩擦角与温度绝对值关系曲线

图 4-74　动直剪实验的动内摩擦角与温度绝对值关系曲线

**表 4-14　动内摩擦角与温度拟合参数表**

| 拟合方程 | 动内摩擦角-温度关系 $\varphi_\mathrm{d} = \varphi_\mathrm{d0} + \varphi_\mathrm{d1}T_\mathrm{c} + \varphi_\mathrm{d2}T_\mathrm{c}^2$ | | | | | |
|---|---|---|---|---|---|---|
| 实验类型 | 动三轴实验 | | | 动直剪实验 | | |
| 振动次数/次 | | 回归值 | 误差/% | 方差 | | 回归值 | 误差/% | 方差 |
| 10 | $\varphi_\mathrm{d0}$ | 33.180 5 | 0.220 12 | | $\varphi_\mathrm{d0}$ | 36.221 4 | 0.322 17 | |
| | $\varphi_\mathrm{d1}$ | 7.291 | 0.707 | 0.991 09 | $\varphi_\mathrm{d1}$ | 6.814 57 | 1.034 74 | 0.977 02 |
| | $\varphi_\mathrm{d2}$ | −2.51 | 0.451 69 | | $\varphi_\mathrm{d2}$ | −2.418 83 | 0.661 07 | |
| 20 | $\varphi_\mathrm{d0}$ | 32.907 | 0.248 46 | | $\varphi_\mathrm{d0}$ | 36.163 69 | 0.262 12 | |
| | $\varphi_\mathrm{d1}$ | 7.324 | 0.798 | 0.989 07 | $\varphi_\mathrm{d1}$ | 6.281 77 | 0.841 88 | 0.982 74 |
| | $\varphi_\mathrm{d2}$ | −2.48 | 0.509 82 | | $\varphi_\mathrm{d2}$ | −2.182 89 | 0.537 86 | |
| 30 | $\varphi_\mathrm{d0}$ | 32.758 | 0.339 99 | | $\varphi_\mathrm{d0}$ | 36.047 33 | 0.326 24 | |
| | $\varphi_\mathrm{d1}$ | 7.276 | 1.092 | 0.979 67 | $\varphi_\mathrm{d1}$ | 6.348 41 | 1.047 82 | 0.972 31 |
| | $\varphi_\mathrm{d2}$ | −2.44 | 0.697 65 | | $\varphi_\mathrm{d2}$ | −2.279 18 | 0.669 43 | |

（1）当土样每个周期受到 10 次振动循环时，通过动三轴实验和动直剪实验，动内摩擦角与温度的关系可以分别拟合为式（4-19）和式（4-20）：

$$\begin{cases} \varphi_\mathrm{d} = 33.1805 + 7.291T_\mathrm{c} - 2.48T_\mathrm{c}^2 \\ R^2 = 0.99109 \end{cases} \tag{4-19}$$

$$\begin{cases} \varphi_\mathrm{d} = 36.2214 + 6.81457T_\mathrm{c} - 2.418T_\mathrm{c}^2 \\ R^2 = 0.97702 \end{cases} \tag{4-20}$$

（2）当土样每个周期受到 20 次振动循环时，通过动三轴实验和动直剪实验，动内摩擦角与温度的关系可以分别拟合为式（4-21）和式（4-22）：

$$\begin{cases} \varphi_\mathrm{d} = 32.907 + 7.324T_\mathrm{c} - 2.51T_\mathrm{c}^2 \\ R^2 = 0.98907 \end{cases} \tag{4-21}$$

$$\begin{cases} \varphi_\mathrm{d} = 36.16369 + 6.28177T_\mathrm{c} - 2.183T_\mathrm{c}^2 \\ R^2 = 0.99109 \end{cases} \tag{4-22}$$

（3）当土样每个周期受到 30 次振动循环时，通过动三轴实验和动直剪实验，动内摩擦角与温度的关系可以分别拟合为式（4-23）和式（4-24）：

$$\begin{cases} \varphi_d = 32.758 + 7.276T_c - 2.44T_c^2 \\ R^2 = 0.97967 \end{cases} \tag{4-23}$$

$$\begin{cases} \varphi_d = 36.04733 + 6.348T_c - 2.279T_c^2 \\ R^2 = 0.97231 \end{cases} \tag{4-24}$$

从图 4-73、图 4-74 中可以看出，动三轴实验和动直剪实验的动内聚力随温度变化的趋势基本一致、数值也较为接近。动三轴比动直剪结果也略大，$C_{d0}$ 不同振动次数（10 次、20 次、30 次）下分别相差 9.16%、9.9%、10.04%；而 $C_{d1}$ 分别相差 6.53%、14.23%、12.75%；而 $C_{d2}$ 分别相差 3.63%、11.98%、6.59%。

从上文可以看出，动三轴实验和动直剪实验的动内摩擦角随温度变化的趋势基本一致、数值较为接近。相同温度和振动次数，直剪实验的动内摩擦角较大。$\varphi_{d0}$ 在不同振动次数（10 次、20 次、30 次）下分别相差 8.4%、9.2%、9.1%；$\varphi_{d1}$ 分别相差 6.6%、14.2%、12.9%；$\varphi_{d1}$ 分别相差 3.9%、12.1%、6.6%。

动内摩擦角主要反映颗粒间的相互移动和咬合作用。随着温度的降低，土中冰晶含量不断增加，未冻水含量不断减少，尤其在相变剧烈区，尤为明显。水固化成冰晶体积增大，填充了土样内部的微小裂隙和孔隙，土颗粒与土颗粒、土颗粒与冰晶之间相互移动较未冻结之前需要更大的力。土中未冻水会润滑土颗粒，使其咬合力减弱，随着未冻水含量的减少，土颗粒之间的咬合力也会增大。从以上分析可以得知，随着温度的降低，内摩擦角有增大的趋势。

### 4.4.2　振动次数对动内摩擦角的影响

在不同的温度下，土样的动内摩擦角与振动次数关系曲线如图 4-75、图 4-76 所示。从动内摩擦角随振动次数变化的关系曲线可以看出，土样的动内摩擦角随振动次数增加约呈线性减少，可以用式（4-25）表示：

$$\varphi_d = \varphi_{d0} + \varphi_{d1}N \tag{4-25}$$

式中，$\varphi_{d0}$ 和 $\varphi_{d1}$ 为实验参数。$\varphi_{d1}$ 代表振动次数对动内摩擦角的变化率，$\varphi_{d0}$ 为初始内摩擦角值，$N$ 为自变量振动次数。

从图 4-75、图 4-76 和表 4-15 中可以看出，随着振动次数的增加，动内摩擦角约呈线性减小，且在高温时的斜率比低温时的大，但整体变化不大。8 条曲线的确定系数在 0.95 以上，表明曲线对数据的拟合程度良好。从图中也可以明显看出，温度对动内摩擦角的影响较大，动内摩擦角升高明显。随着振动次数的增加，动内摩擦角变化在 1%左右。

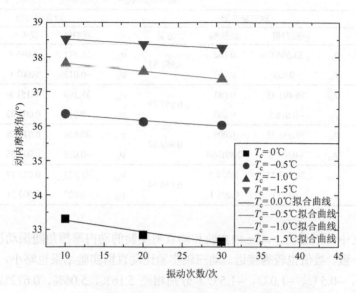

图 4-75 动三轴实验的动内摩擦角与振动次数关系曲线

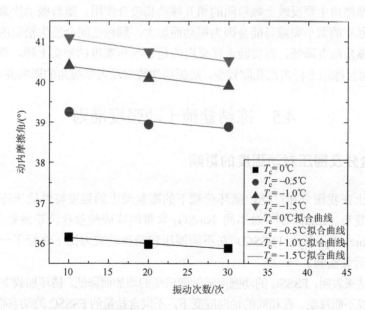

图 4-76 动直剪实验的动内摩擦角与振动次数关系曲线

**表 4-15 动内摩擦角与振动次数拟合参数表**

| 拟合方程 | | 动内摩擦角-振动次数关系 $\varphi_\mathrm{d} = \varphi_\mathrm{d0} + \varphi_\mathrm{d1} N$ | | | | | |
|---|---|---|---|---|---|---|---|
| 实验类型 | | 动三轴实验 | | | 动直剪实验 | | |
| 温度/℃ | | 回归值 | 误差/% | 方差 | 回归值 | 误差/% | 方差 |
| 0 | $\varphi_\mathrm{d0}$ | 33.596 6 | 0.162 | 0.961 63 | 36.272 | 0.045 4 | 0.954 2 |
| | $\varphi_\mathrm{d1}$ | −0.033 | 0.007 | | −0.013 | 0.002 1 | |
| −0.5 | $\varphi_\mathrm{d0}$ | 36.493 33 | 0.081 | 0.957 43 | 39.389 | 0.151 8 | 0.957 05 |
| | $\varphi_\mathrm{d1}$ | −0.016 5 | 0.003 | | −0.018 | 0.007 03 | |
| −1.0 | $\varphi_\mathrm{d0}$ | 38.033 33 | 0.006 | 0.999 67 | 40.626 | 0.076 78 | 0.960 9 |
| | $\varphi_\mathrm{d1}$ | −0.022 5 | 2.89E-04 | | −0.025 | 0.003 55 | |
| −1.5 | $\varphi_\mathrm{d0}$ | 38.643 33 | 0.024 9 | 0.984 34 | 41.333 | 0.075 77 | 0.968 9 |
| | $\varphi_\mathrm{d1}$ | −0.013 | 0.001 1 | | −0.027 | 0.003 51 | |

从上文中可以看出，动三轴实验和动直剪实验的动内摩擦角随振动次数变化的趋势基本一致、数值也较为接近。动三轴实验比动直剪实验结果也略小，$\varphi_\mathrm{d0}$ 不同温度下（0℃、−0.5℃、−1.0℃、−1.5℃）分别相差 5.16%、5.06%、0.672%、3.53%；而 $\varphi_\mathrm{d1}$ 则相差较大，但由于其基数较小，故对动内摩擦角造成的影响有限。

动内摩擦角主要反映土颗粒间的相互移动和咬合作用。随着振动次数的增加，土样内部原有的微小裂隙可能会因为振动而加大，颗粒之间会发生松动的现象，导致其内摩擦角略有降低，而实验土样采用的是 96%压实度的密实土样，微小裂缝整体较少，而且冻结土样内部孔隙较少，故振动次数对动内摩擦角的影响并不是很大。

# 4.5 冻结盐渍土动强度准则

## 4.5.1 盐分及围压对动强度的影响

盐渍土在我国分布广泛，循环荷载下的冻盐渍土的强度特性比未冻土和无盐冻土更为复杂。Zhao 等[26]对不同 $Na_2SO_4$ 含量的冻硫酸盐盐渍粉质黏土（frozen sulfate saline silty clay，FSSSC）在不同围压和荷载动应力比下进行了一系列低温三轴循环荷载实验。

实验结果表明，FSSSC 的动强度随轴向应变的增加而降低。循环加载下 FSSSC 的临界状态线不断移动。在相同的轴向应变下，不同含盐量的 FSSSC 的动态临界状态线不同。FSSSC 的动摩擦角与含盐量、荷载动应力比和围压有关。根据实验结果，提出了循环荷载下 FSSSC 的动态强度准则，并给出了动强度参数的确定方法。该强度准则不仅能反映荷载动应力比和含盐量对动强度的影响，而且能描述高围压对动强度影响。

　　实验结果表明 FSSSC 的动强度随着轴向应变的增加而降低。这主要是因为土样随着轴向应变的增加而不断损坏，强度逐渐降低。对于给定的轴向应变，土壤的动强度升高，直到达到其最大值，然后随着围压的增加而降低。当含盐量分别为 0.5%和 2.5%时，FSSSC 的动态强度达到最小值和最大值。当轴向应变和围压保持不变时，动强度随着荷载动应力比的增加而增加。对于给定的围压下，荷载动应力比越大，动强度随着轴向应变的增加下降得越快。

　　当荷载动应力比等于 0.7 时，FSSSC 的静态临界状态线如图 4-77 所示，FSSSC 的动态临界状态线如图 4-78 所示。从图 4-77 和图 4-78 中可以发现：

　　（1）FSSSC 的动态临界状态线在形状上与静态临界状态线相似，在相同条件下，动态强度小于静态强度，但动态临界状态线随轴向应变的发展而移动，将其称之为"移动临界状态线"（moving critical state line，MCSL）。

　　（2）与静荷载下 FSSSC 的临界状态线一样，FSSSC 的 MCSL 不是直线，而是曲线。

　　（3）在相同的轴向应变下，MCSL 与 $q_d$ 轴之间的截距不同。

　　（4）在相同的轴向应变下，不同含盐量的 FSSSC 的 MCSL 不同。研究发现，含盐量对冻土的动强度有显著影响。

　　在 $p$-$q$ 平面上的临界状态函数可以表示为式（4-26）：

$$f(p,q) = \frac{a(s)\left(\dfrac{p}{p_a}\right)^2 + b(s)\left(\dfrac{p}{p_a}\right) + c(s)}{\dfrac{p}{9.8687 p_a} + d(s)} p_a - q = 0 \qquad (4\text{-}26)$$

式中，$a(s)$，$b(s)$、$c(s)$ 和 $d(s)$ 是−6℃温度下和含盐量有关的参量。

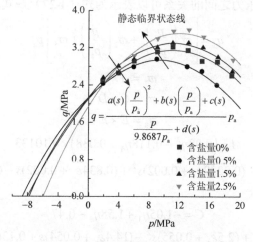

图 4-77　FSSSC 的静态临界状态线[27]

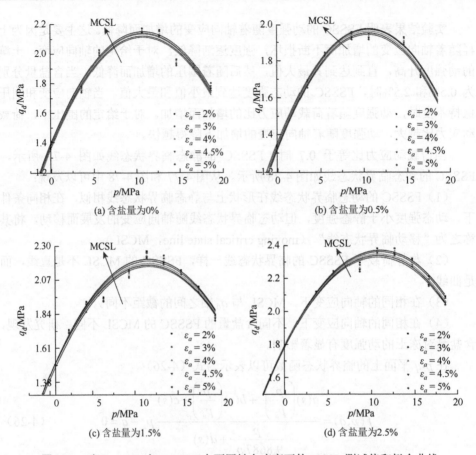

图 4-78　当 $\eta_d = 0.7$ 时，FSSSC 在不同轴向应变下的 MCSL 测试值和拟合曲线

动强度与静水压力之间的关系可以表示为式（4-27）～式（4-34）：

$$q_d = \left[ \varpi_1 \left( \frac{p}{p_a} \right)^2 + \varpi_2 \left( \frac{p}{p_a} \right) + \varpi_3 \right] p_a \tag{4-27}$$

$$\varpi_1 = A \times B \tag{4-28}$$

$$\varpi_2 = C \times D \tag{4-29}$$

$$\varpi_3 = E \times F \tag{4-30}$$

$$A = \left( 0.08\eta_d^2 - 0.118\eta_d + 0.038 \right) \times 0.10133 \tag{4-31}$$

$$B = 0.0006s^3 - (0.2232\varepsilon_a + 0.002)s^2 + (0.834\varepsilon_a + 0.002)s - 0.006 - 0.31\varepsilon_a \tag{4-32}$$

$$C = -1.05\eta_d^2 + 1.58\eta_d - 0.47 \tag{4-33}$$

$$D = -0.015s^3 + (2.5\varepsilon_a + 0.055)s^2 - (14.4\varepsilon_a + 0.054)s + 0.136 + 4.59\varepsilon_a \tag{4-34}$$

$$E = \frac{2.082\eta_d + 0.0383}{0.10133} \quad (4-35)$$

$$F = 1.414 - 0.083s - 1.29\varepsilon_a + 0.094s^2 + 0.412s\varepsilon_a \quad (4-36)$$

式中，$\varpi_1$，$\varpi_2$，$\varpi_3$ 分别为与含盐量、轴向应变和荷载动应力比相关的参数，$p_a$ 为标准大气压，$s\%$ 代表盐的含量，$\eta_d$ 是荷载动应力比。

### 4.5.2　盐分及围压对动黏聚力及动内摩擦角的影响

当荷载动应力比为 0.7 时，由实验结果可知 FSSSC 的动内摩擦角具有以下特点：①FSSSC 的动内摩擦角随围压的增大而减小。②FSSSC 的动内摩擦角随着含盐量的增加呈先减小后增大的趋势。③在相同的荷载动应力比下，选择不同的失效标准，FSSSC 的动内摩擦角基本保持不变，即在整个循环加载过程中，FSSSC 的动内摩擦角保持不变。荷载动应力比对 FSSSC 的动内摩擦角有相当大的影响。在相同的约束压力下，荷载动应力比越大，动内摩擦角越大。动黏聚力随着应变的增加而逐渐减小，随动态应力比的增加而增大。

## 4.6　小　　结

通过一系列的动三轴实验和动直剪实验，根据动强度理论对高温冻土的动强度进行了系统的研究，得到了不同的温度、围压、振动次数下土体的动强度参数。重点分析了温度和振动次数对其动强度的影响规律，并对比两种实验的异同点，初步得出以下结论：

（1）土的动强度与未冻水含量和冰晶强度有着直接的关系，当土温低于土的冻结温度时，冻结强度随着土温降低而升高，达到一定负温之后，则随着土温继续降低，其增加速率则变得缓慢。土样的动黏聚力随温度降低（温度绝对值增加）呈指数衰减型，可以用 $C_d = C_{d0} + A_i \exp\left(-|T_c|/T_1\right)$ 来拟合。动三轴实验和动直剪实验的动黏聚力随温度变化的趋势一致、数值较为接近，其中动三轴实验结果中的 $C_{d0}$ 比动直剪实验略大。

（2）当土体含水率和温度一定的情况下，振动循环次数影响着冻土中颗粒与颗粒之间的排列情况及微观化学键的破坏与否。随着振动循环次数的增加，土体内的微裂缝、微孔隙继续发育造成损伤。土样的动黏聚力随振动次数的变化关系可以用 $C_d = C_{d0} + C_{d1}N + C_{d2}N^2$ 二次式进行拟合，拟合结果良好。动三轴实验的结果略大于动直剪实验的结果。

（3）动内摩擦角主要反映颗粒间的相互移动和咬合作用。随着温度的降低，土中冰晶含量不断增加，未冻水含量不断减少，土中未冻水会润滑土颗粒，使其咬合力减弱，随着未冻水含量的减少，土颗粒之间的咬合力也会增大，动内摩擦角有增大的趋势。对动内摩擦角和土样温度的关系曲线采用二次式进行拟合 $\varphi_d = \varphi_{d0} + \varphi_{d1}T_c + \varphi_{d2}T_c^2$，拟合结果良好。动三轴实验的结果略小于动直剪实验的结果。

（4）建立了基于温度和振动次数的高温冻土动强度经验公式，基于动三轴实验和动直剪实验的经验公式，均有较高的回归精度。但因为剪切面位置、围压施加方式、控温方式、实验得到的物理量不同等因素，实验结果中动三轴实验比动直剪实验动黏聚力稍大，而动直剪实验比动三轴实验的动内摩擦角稍大，但两个实验测出的土动强度参数随温度和振动次数的变化趋势总体一致，实验结果较好的相互印证，可以作为工程设计和数值计算的参考。

# 参 考 文 献

[1] Chaichanavong T. Dynamic properties of ice and frozen clay under cyclic triaxial loading conditions[D]. East Lansing: Michigan State Univiversity, 1976: 460.

[2] 刘富荣. 复杂循环应力状态下冻结粉质粘土的动力特性试验研究[D]. 北京: 中国科学院大学, 2021.

[3] 雷华阳, 杨晓楠, 许英刚, 等. 间歇性循环荷载条件下饱和重塑黏土的动力特性试验[J].天津大学学报（自然科学与工程技术版), 2021, 54（8): 799-806.

[4] 徐学燕, 仲丛利, 陈亚明. 冻土的动力特性研究及其参数确定[J]. 岩土工程学报, 1998, 20（5): 77-81.

[5] 徐春华, 徐学燕, 邱明国, 等. 循环荷载下冻土的动阻尼比试验研究[J]. 哈尔滨建筑大学学报, 2002, 35（6): 22-25.

[6] 崔托维奇 H A. 冻土力学[M]. 张长庆, 朱元林 译, 徐伯孟 校. 北京: 科学出版社, 1985.

[7] 马巍, 王大雁. 冻土力学[M]. 北京: 科学出版社, 2014.

[8] 赵淑萍, 朱元林, 何平, 等. 冻土动力学研究的现状与进展[J]. 冰川冻土, 2002, 24（5): 681-686.

[9] 赵淑萍, 朱元林, 何平, 等. 冻土动力学参数测试研究[J]. 岩石力学与工程学报, 2003, 22（z2): 2677-2681.

[10] 陈柏生, 胡时胜, 马芹永, 等. 冻土动态力学性能的实验研究[J]. 力学学报, 2005, 37（6): 724-728.

[11] 常利武, 徐艳杰, 乐金朝. 动荷载作用下高温冻土路基动力响应的模拟试验研究[J]. 铁道学报, 2011, 33（11): 80-84.

[12] 陈敦, 马巍, 赵淑萍, 等. 冻土动力学研究的现状及展望[J]. 冰川冻土, 2017, 39（4): 868-883.

[13] 张淑娟, 赖远明, 李双洋, 等. 冻土动强度特性试验研究[J]. 岩土工程学报, 2008, 30（4): 595-599.

[14] 沈忠言, 张家懿. 振动荷载作用下粉水冻结粉土的单轴抗压强度[J]. 冰川冻土, 1996, 18（2): 162-169.

[15] 沈忠言, 张家懿. 冻结粉土的动强度特性及其破坏准则[J]. 冰川冻土, 1997, 19（2): 141-148.

[16] 吴志坚, 马巍, 王兰民, 等. 地震荷载作用下温度和围压对冻土强度影响的试验研究[J]. 冰川冻土, 2003, 25（6): 648-652.

[17] 王丽霞, 凌贤长, 徐学燕, 等. 青藏铁路冻结粉质黏土动静三轴试验对比[J]. 岩土工程学报, 2005, 27（2): 202-205.

[18] 朱元林, 何平, 张家懿, 等. 冻土在振动荷载下的三轴蠕变模型[J]. 自然科学进展, 1998, 8（1): 60-62.

[19] 中国机械工业联合会. 地基动力特性测试规范: GB/T 50269—2015[S]. 北京: 中国计划出版社, 2016.

[20] 钱家欢, 殷宗泽. 土工原理与计算[M]. 2 版. 北京: 中国水利水电出版社, 1996.

[21] Seed H B. Considerations in the earthquake-resistant design of earth and rockfill dams[J]. Geotechnique,

1979，29（3）：215-263.

[22]　De Alba P A，Chan C K，Seed H B. Sand liquefaction in large-scale simple shear tests[J]. Journal of the Geotechnical Engineering Division，1976，102（9）：909-927.

[23]　崔颖辉. 基于冻土动荷载直剪仪的高温冻土动力特性研究[D]. 北京：北京交通大学，2015.

[24]　Liu J，Cui Y，Liu X，et al. Dynamic characteristics of warm frozen soil under direct shear test-comparison with dynamic triaxial test[J]. Soil Dynamics and Earthquake Engineering，2020，133：106114.1-106114.12.

[25]　张斌龙，王大雁，马巍，等.主应力轴旋转条件下冻结黏土的动强度特性[J]. 冰川冻土，2022，44（2）. 448-457.

[26]　Zhao Y H，Lai Y M，Pei W S，et al. An anisotropic bounding surface elastoplastic constitutive model for frozen sulfate saline silty clay under cyclic loading[J]. International Journal of Plasticity，2020，129：102668.

[27]　Zhao Y H，Lai Y M，Zhang J，et al. A nonlinear strength criterion for frozen sulfate saline silty clay with different salt contents[J]. Advances in Materials Science and Engineering，2018，2018：1-8.